#수학개념학습
#학습만화
#재미있는수학
#만화로개념잡는

개념클릭

Chunjae
Makes
Chunjae

▼

개념클릭

편집총괄　박금옥
편집개발　지유경, 정소현, 조선영, 최윤석, 김장미, 유혜지, 남솔, 정하영
디자인총괄　김희정
표지디자인　윤순미, 장미
내지디자인　이은정, 박광순
제작　황성진, 조규영

발행일　2023년 9월 1일 개정초판 2023년 9월 1일 1쇄
발행인　(주)천재교육
주소　서울시 금천구 가산로9길 54
신고번호　제2001-000018호
고객센터　1577-0902

개념클릭

초등
수학

1·**1**

구성과 특징

수학 공부를 쉽고, 재미있게 할 수 있는 교재는 없을까?

개념을 자세히 설명해 놓으면 잘 읽지 않고, 그렇다고 설명을 안 할 수도 없고….

만화로 교과서 개념을 설명한 책은 많지만, 수박 겉핥기 식으로 넘어가기만 하니….

개념클릭이 탄생하게 된 배경입니다.

개념클릭 학습 시스템!!

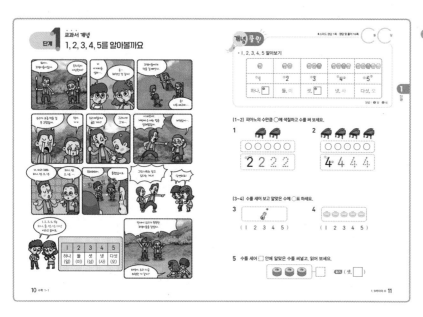

1 단계

교과서 개념

만화를 보면서 개념이 저절로~
간단한 **확인 문제**로 개념을
정리하세요.

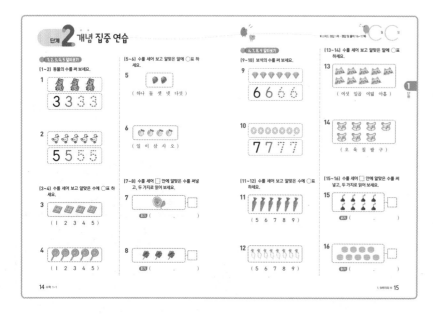

2 단계

개념 집중 연습

교과서 개념 문제를
반복하여 풀어 보면서
개념을 꽉 잡아요.

개념클릭만의 모바일 학습

스마트 폰으로 찍어 보세요.

1 개념 동영상 강의를
보면서 개념을 익혀요.

QR 코드를 찍어 개념 동영상
강의를 보면서 개념을 익힐 수
있습니다.

2 단원과 연계된
게임을 할 수 있어요.

QR 코드를 찍어 단원과 연계된
재미있는 게임을 할 수 있습니다.

3 새로운 문제로
TEST를 반복해요.

QR 코드를 찍어 문제를 더 풀어
볼 수 있습니다.

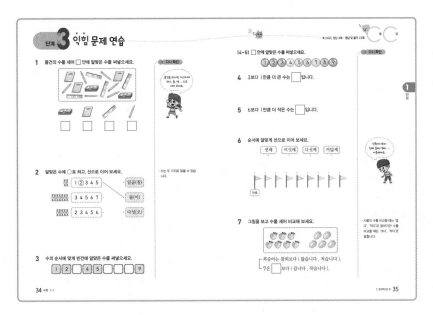

3 단계

익힘 문제 연습

익힘 유형 문제를 풀어 보면서
실력을 키워요.

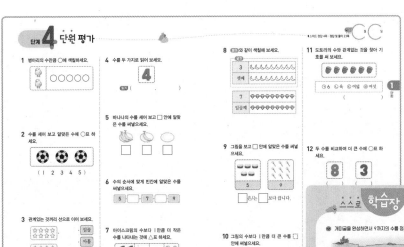

4 단계

단원 평가

한 단원을 마무리하며
스스로 실력 체크를 해요.

한 단원을 학습한 후
내가 무엇을 알고
무엇을 모르는지
확인하는 코너입니다.

차례

장보고

신라시대 바다를 지키는 장군.
미래에서 온 태양이와 하늘이와 함께
해적으로부터 백성을 보호한다.

해적 두목과 부하들(돌쇠와 갑돌이)

장보고의 구슬을 빼앗고 사람들을 괴롭히는 해적 무리.
해적 두목은 화를 잘 내고 돌쇠와 갑돌이는 엉뚱하고 항상
배가 고프다.

태양

천재 초등학교 1학년. 완도에서 신비한 구슬
을 줍는다. 그 구슬로 인해 하늘이와 신라시대
로 가서 장보고 장군을 만나게 된다.

하늘

천재 초등학교 1학년. 태양이의 친구로 밝고 호
기심이 많은 여자아이이다.

오늘 수업은 여기서 마치겠습니다.

딩~동~댕~

태양아~ 집에 같이 가자.

어, 하늘이구나.

태양아, 너 주말에 뭐 했어?

난 시골 할머니 댁에 놀러 갔었어.

아~. 할머니 댁이 어딘데?

전라남도 완도에 있어.

어! 나 거기 알아~.

정말? 어떻게 알아?

완도는 장보고 장군님께서 청해진을 만드신 곳이잖아.

청해진이 뭐야? 먹는 거야?

청해진은 신라 시대에 해적으로부터 사람들을 지키고 다른 나라와 물건을 사고 팔던 곳이야.

그럼, 장보고 장군님은 엄청 대단한 분이구나!

응! 엄청 용감한 분이기도 해.

그나저나 완도 여행은 재밌었어?

응. 엄청 재밌었어.

참, 나 완도에서 신기한 구슬을 주웠어.

1

9까지의 수

QR 코드를 찍어 개념 동영상 강의를 보세요. 게임도 하고 문제도 풀 수 있어요.

😊 이번에 배울 내용

- 9까지의 수 알아보기
- 수로 순서를 나타내기
- 수의 순서 알아보기
- 1만큼 더 큰 수, 1만큼 더 작은 수 알아보기
- 0 알아보기
- 수의 크기 비교하기

하나, 둘, 셋, 넷, 다섯, 여섯, 일곱, 여덟, 아홉이라고도 읽을 수 있어요.

신라시대 청해진

하늘아, 괜찮아?

응, 괜찮아.

근데, 여기가 도대체 어디야?

글쎄… 잘 모르겠어.

너희는 누구냐?

여기가 어딘 줄 알고~.

1, 2, 3, 4, 5를 알아볼까요

1	2	3	4	5
하나 (일)	둘 (이)	셋 (삼)	넷 (사)	다섯 (오)

개념 클릭

- |, 2, 3, 4, 5 알아보기

①↓|	①→2	①→3	①↓4②	①↓5②
하나, ❶	둘, 이	셋, ❷	넷, 사	다섯, 오

정답 | ❶ 일 ❷ 삼

1
단원

(1~2) 피아노의 수만큼 ○에 색칠하고 수를 써 보세요.

1

○ ○ ○ ○ ○

①→2 2 2 2

2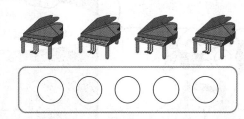

○ ○ ○ ○ ○

①↓4② 4 4 4

(3~4) 수를 세어 보고 알맞은 수에 ○표 하세요.

3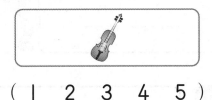

(| 2 3 4 5)

4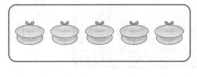

(| 2 3 4 5)

5 수를 세어 ☐ 안에 알맞은 수를 써넣고, 읽어 보세요.

 ☐

읽기 (셋, ☐)

1. 9까지의 수 **11**

역시 혼자 몰래 먹는 닭이 맛있어.

두둑! 두둑!

우걱우걱

음~ 음!

안 먹은 척

무슨 일이냐?

두목님. 저희가 똑똑한 꼬맹이들을 잡아 왔습니다.

똑똑한 꼬맹이들? 걔네를 이용해서 돈을 벌자!

쾅

이 꼬맹이들입니다. 아, 여기 구슬도 주웠어요!

이 바보들! 너무 어리잖아!

어리지만 수를 읽고 쓸 줄 압니다.

뭐? 정말 수를 안다고?

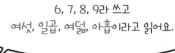

6, 7, 8, 9라 쓰고 여섯, 일곱, 여덟, 아홉이라고 읽어요.

그렇다면 다섯 다음에 뭐지?

빙글

착

6	7	8	9
여섯 (육)	일곱 (칠)	여덟 (팔)	아홉 (구)

대박~

나의 부하들! 웬일로 기특한 일을 했구나.

두목! 상으로 먹을 걸 주세요.

통닭 냄새가 나는데….

킁킁

나도 며칠을 굶었는데 통닭 같은 게 있을 리가 없잖아!

아까 분명 통닭 냄새가 났는데…

아 … 네

우선 이 꼬맹이들이나 감옥에 가둬!

멀뚱 멀뚱

네…. 두목.

• 6, 7, 8, 9 알아보기

⓵6	①↓7②	8①	9①
여섯, 육	일곱, **❶**	여덟, 팔	아홉, **❷**

1
단원

[1~2] 양의 수를 써 보세요.

1

2

[3~4] 수를 세어 보고 알맞은 수에 ◯표 하세요.

헷갈리지 않게
/ 표시를 하면서
세어 봐요.

3

(6   7   8   9)

4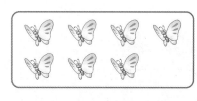

(6   7   8   9)

5 수를 세어 ☐ 안에 알맞은 수를 써넣고, 읽어 보세요.

 ☐   읽기 (☐ , 구)

단계 2 개념 집중 연습

● 1, 2, 3, 4, 5 알아보기

(1~2) 동물의 수를 써 보세요.

1

3 3 3 3

2

5 5 5 5

(3~4) 수를 세어 보고 알맞은 수에 ○표 하세요.

3

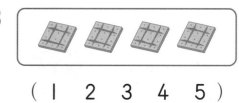

(1 2 3 4 5)

4

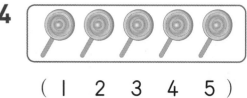

(1 2 3 4 5)

(5~6) 수를 세어 보고 알맞은 말에 ○표 하세요.

5

(하나 둘 셋 넷 다섯)

6

(일 이 삼 사 오)

(7~8) 수를 세어 ☐ 안에 알맞은 수를 써넣고, 두 가지로 읽어 보세요.

7

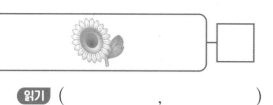

읽기 (,   )

8

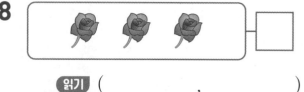

읽기 (,   )

6, 7, 8, 9 알아보기

(9~10) 보석의 수를 써 보세요.

9

10

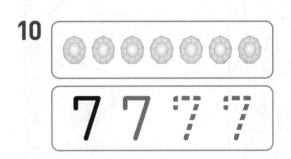

(11~12) 수를 세어 보고 알맞은 수에 ◯표 하세요.

11

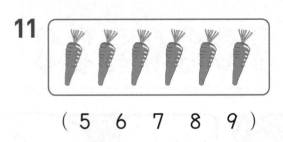

(5 6 7 8 9)

12

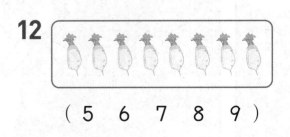

(5 6 7 8 9)

(13~14) 수를 세어 보고 알맞은 말에 ◯표 하세요.

13

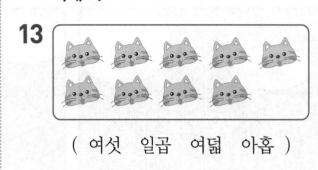

(여섯 일곱 여덟 아홉)

14

(오 육 칠 팔 구)

(15~16) 수를 세어 □ 안에 알맞은 수를 써 넣고, 두 가지로 읽어 보세요.

15

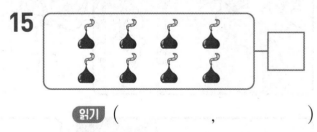

읽기 (,   )

16

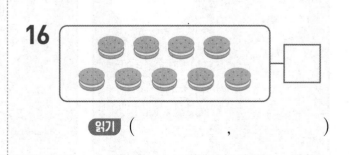

읽기 (,   )

• 수로 순서를 나타내기

> 수를 셀 때에는 '하나, 둘, 셋, ...'으로 세지만
> 순서를 말할 때에는 '첫째, 둘째, 셋째, ...'로 말해요.

①	②	③	④	⑤	⑥	❶	⑧	⑨
첫째	❷	셋째	넷째	다섯째	여섯째	일곱째	여덟째	아홉째

정답 | ❶ 7 ❷ 둘째

1
단원

---

1 셋째에 ○표, 다섯째에 △표 하세요.

첫째

(2~3) 동물 9마리가 달리기를 하고 있습니다. 물음에 답하세요.

사자   타조   기린   호랑이   토끼   코끼리   돼지   다람쥐   거북

2 코끼리는 왼쪽에서 몇째로 달리고 있을까요?

(   )

3 8등으로 달리고 있는 동물은 무엇일까요?

(   )

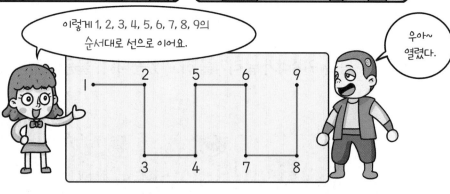

• 수의 순서 알아보기

왼쪽에서부터 수의 순서대로!

1 다음엔 2, 2 다음엔 3,
3 다음엔 ❷ 예요.

| 1 | 2 | 3 | 4 | 5 | ❶ | 7 | 8 | 9 |

읽기   일   이   삼   사   오   육   칠   팔   구

정답 | ❶ 6 ❷ 4

1
단원

---

1 수의 순서에 맞게 빈칸에 알맞은 수를 써넣으세요.

| 1 | 2 | 3 | 4 | | 6 | | | 9 |

(2~3) 수를 순서대로 선으로 이어 보세요.

2

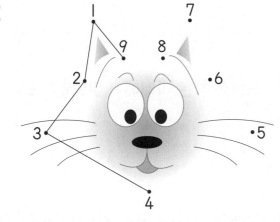

선을 어떻게
이어야 하는 거지?

수의 순서대로
따라가며 점과 점을
선으로 이으면 돼.

3

● 수로 순서를 나타내기

1 달리고 있는 순서에 알맞게 선으로 이어 보세요.

둘째	셋째	첫째

(2~4) 순서에 맞게 ☐ 안에 알맞은 말을 써넣으세요.

2

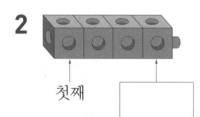

첫째

3

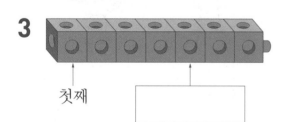

첫째

4

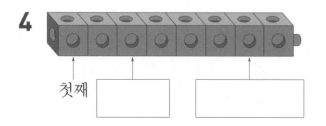

첫째

(5~9) 그림을 보고 물음에 답하세요.

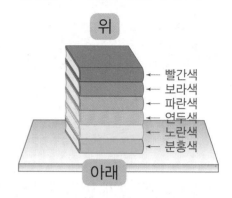

5 보라색 책은 위에서 몇째일까요?

(   )

6 연두색 책은 위에서 몇째일까요?

(   )

7 노란색 책은 아래에서 몇째일까요?

(   )

8 위에서 셋째에 있는 책은 어떤 색일까요?

(   )

9 아래에서 넷째에 있는 책은 어떤 색일까요?

(   )

월   일

수의 순서 알아보기

(10~13) 수의 순서에 맞게 빈칸에 알맞은 수를 써넣으세요.

10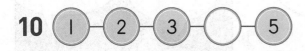
(1)—(2)—(3)—(   )—(5)

11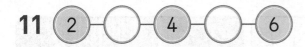
(2)—(   )—(4)—(   )—(6)

12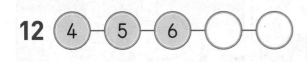
(4)—(5)—(6)—(   )—(   )

13
(5)—(   )—(7)—(8)—(   )

14 수의 순서대로 빈칸에 알맞은 수를 써넣으세요.

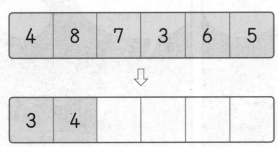

4	8	7	3	6	5

⇩

3	4				

(15~17) 수를 순서대로 선으로 이어 보세요.

15
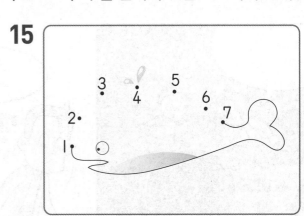

16
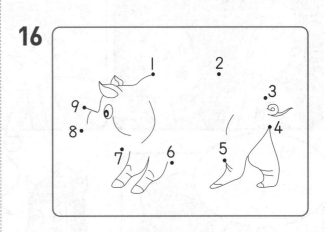

17
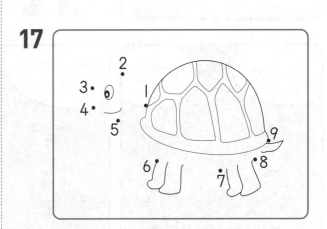

1만큼 더 큰 수를 알아볼까요

1만큼 더 큰 수	
3	4
3 바로 뒤의 수	
6	7
6 바로 뒤의 수	

개념 클릭

- **|만큼 더 큰 수 알아보기**

> 1만큼 더 큰 수는 바로 뒤의 수예요.

●●●　|만큼 더 큰 수→　●●●●　|만큼 더 큰 수→　●●●●●　|만큼 더 큰 수→　●●●●●●
3　　　　　　　　　4　　　　　　　　5　　　　　　　　6

┌ 3보다 |만큼 더 큰 수는 **①**　입니다. → 3 바로 뒤의 수가 3보다 1만큼 더 큰 수예요.
└ 5보다 |만큼 더 큰 수는 **②**　입니다. → 5 바로 뒤의 수가 5보다 1만큼 더 큰 수예요.

정답 | **①** 4　**②** 6

1
단원

(1~2) ☐ 안에 알맞은 수를 써넣으세요.

1

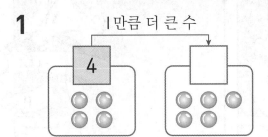

|만큼 더 큰 수

4 →

2

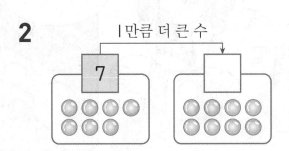

|만큼 더 큰 수

7 →

(3~4) 왼쪽 그림의 수보다 |만큼 더 큰 수를 나타내는 것에 ◯표 하세요.

3

　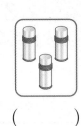　

(　　)　(　　)

4

(　　)　(　　)

---

5 가방의 수보다 |만큼 더 큰 수만큼 ◯에 색칠하고, 색칠한 ◯의 수를 ☐ 안에 써넣으세요.

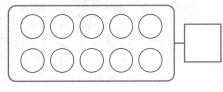

> 어떤 수보다 1만큼 더 큰 수는 어떤 수 바로 뒤의 수예요.

1만큼 더 큰 수
8 → 9

8 바로 뒤의 수

1만큼 더 작은 수를 알아볼까요

난 공부하는 해적! 공부는 역시 수학 공부지!

3보다 1만큼 더 작은 수는? 이건 몰라.

6보다 1만큼 더 작은 수는? 음…. 이것도 몰라~.

앗! 깜짝이야. 왜 갑자기 움직여!?

두두두

움직이지 마라. 수리수리 마수리~.

두두두

번
쩍
으악!!

어휴~. 내가 답답해서 나왔다!

누구신지 모르지만 살려주세요.

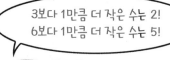

3보다 1만큼 더 작은 수는 2!
6보다 1만큼 더 작은 수는 5!

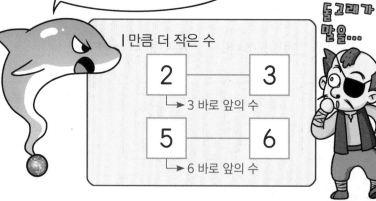

돌고래가 말을…

1만큼 더 작은 수

2	—	3

→ 3 바로 앞의 수

5		6

→ 6 바로 앞의 수

그럼! 난 이만!

헐~

스스스

이… 이건 분명 보물일 거야!

내가 보물을 찾았다!

두목님, 큰일 났어요. 꼬맹이들이 도망갔어요.

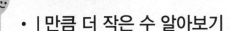 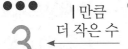

1단원

• **1만큼 더 작은 수 알아보기**

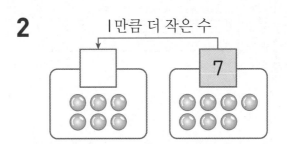

1만큼 더 작은 수는 바로 앞의 수예요.

┌ 4보다 1만큼 더 작은 수는 **①** 입니다. → 4 바로 앞의 수가 4보다 1만큼 더 작은 수예요.

└ 6보다 1만큼 더 작은 수는 **②** 입니다. → 6 바로 앞의 수가 6보다 1만큼 더 작은 수예요.

정답 | ❶ 3 ❷ 5

(1~2) □ 안에 알맞은 수를 써넣으세요.

1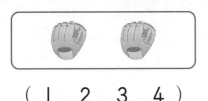

2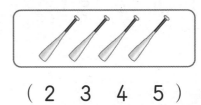

(3~4) 그림의 수보다 1만큼 더 작은 수를 찾아 ○표 하세요.

3

(1　2　3　4)

4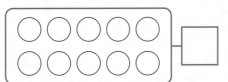

(2　3　4　5)

→ 배드민턴을 칠 때 사용하는 공

5 셔틀콕의 수보다 1만큼 더 작은 수만큼 ○에 색칠하고, 색칠한 ○의 수를 □ 안에 써넣으세요.

어떤 수보다 1만큼 더 작은 수는 어떤 수 바로 앞의 수예요.

1만큼 더 작은 수
8 ← 9

9 바로 앞의 수

● 1만큼 더 큰 수 알아보기

(1~2) 왼쪽 그림의 수보다 1만큼 더 큰 수만큼 ○를 그려 보세요.

1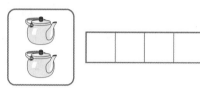

2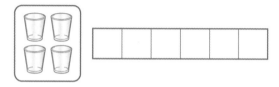

(3~5) 그림의 수보다 1만큼 더 큰 수를 찾아 ○표 하세요.

3

(1   2   3   4   5)

4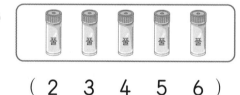

(2   3   4   5   6)

5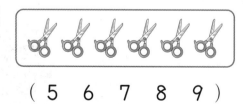

(5   6   7   8   9)

(6~8) □ 안에 알맞은 수를 써넣으세요.

6 1보다 1만큼 더 큰 수는 □ 입니다.

7 4보다 1만큼 더 큰 수는 □ 입니다.

8 8보다 1만큼 더 큰 수는 □ 입니다.

(9~10) 그림의 수보다 1만큼 더 큰 수만큼 ○에 색칠하고, 색칠한 ○의 수를 □ 안에 써넣으세요.

9

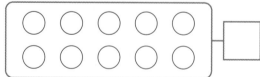

10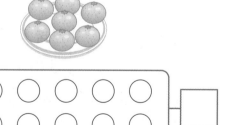

1만큼 더 작은 수 알아보기

(11~12) 그림의 수보다 1만큼 더 작은 수를 찾아 ◯표 하세요.

11
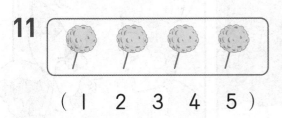

(1   2   3   4   5)

12
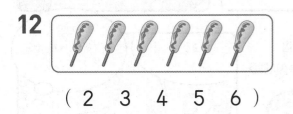

(2   3   4   5   6)

(13~15) 왼쪽 수보다 1만큼 더 작은 수를 나타내는 것에 ◯표 하세요.

13
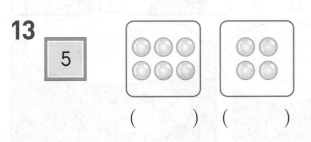

(   )   (   )

14
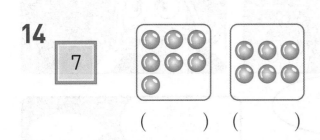

(   )   (   )

15
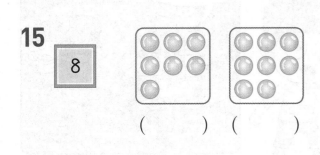

(   )   (   )

(16~18) □ 안에 알맞은 수를 써넣으세요.

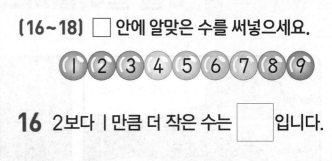

16 2보다 1만큼 더 작은 수는 □ 입니다.

17 3보다 1만큼 더 작은 수는 □ 입니다.

18 9보다 1만큼 더 작은 수는 □ 입니다.

(19~20) 그림의 수보다 1만큼 더 작은 수만큼 ◯에 색칠하고, 색칠한 ◯의 수를 □ 안에 써넣으세요.

19
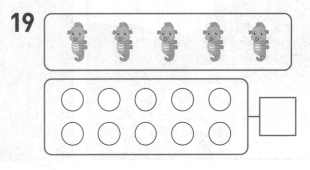

20
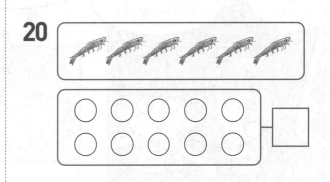

1. 9까지의 수   **27**

이 바보들.
어쩌다가 놓친 거야!

모두 사라졌잖아!

아무도 없습니다.

아무것도 없는 것을 수로 나타낼 줄은 알겠지?!

아무것도 없는 것은 0이라 쓰고 영이라고 읽는 거야!

0(영)

오~ 두목 대단하십니다.

내가 요즘 공부를 하거든~!

거짓말~. 공부하는 거 한 번도 본 적 없는데….

얼른 꼬맹이들을 찾지 않고 뭐 하는 거야?! 빨리 가서 찾아!

네, 두목!

아이고, 내가 저 녀석들을 데리고 일을 하다니….

동굴을 빠져 나가기가 쉽지 않구나.

그럼 어떡해요? ㅠㅠ

제가 아까 해적 두목 방에서 동굴 지도를 봤어요!

그걸 보면 빠져나갈 수 있을 거예요.

그럼 우선 해적 두목 방에 가보자.

네!

개념 클릭

• 0 알아보기

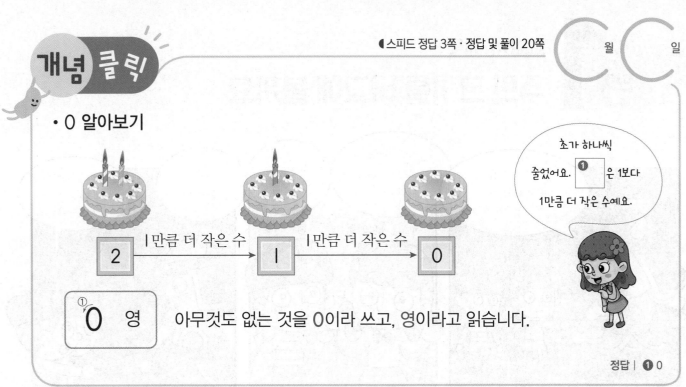

초가 하나씩 줄었어요. **①** 은 1보다 1만큼 더 작은 수예요.

2 → 1만큼 더 작은 수 → 1 → 1만큼 더 작은 수 → 0

① 0 영   아무것도 없는 것을 0이라 쓰고, 영이라고 읽습니다.

정답 | ❶ 0

1 바구니 안에 있는 빵의 수를 써 보세요.

바구니 안에 빵이 하나도 없어요.

0 0 0 0

(2~3) 도넛의 수를 세어 보고 □ 안에 알맞은 수를 써넣으세요.

2 2 □ □

3 □ 1 □

4 □ 안에 알맞은 수나 말을 써넣으세요.

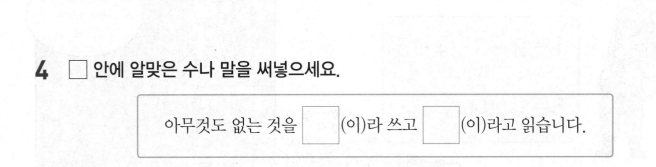

아무것도 없는 것을 □(이)라 쓰고 □(이)라고 읽습니다.

수의 크기를 비교해 볼까요

개념 클릭

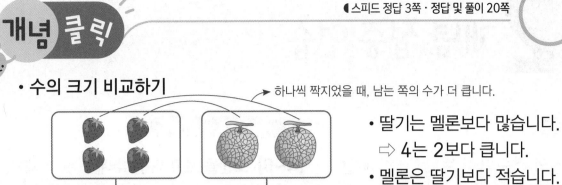

- 수의 크기 비교하기

하나씩 짝지었을 때, 남는 쪽의 수가 더 큽니다.

|4| |2|

- 딸기는 멜론보다 많습니다.
  ⇨ 4는 2보다 큽니다.
- 멜론은 딸기보다 적습니다.
  ⇨ ❶ 은/는 ❷ 보다 작습니다.

정답 | ❶ 2   ❷ 4

1
단원

1 그림을 보고 알맞은 말에 ◯표 하세요.

사과는 복숭아보다 (많습니다 , 적습니다).
⇨ 6은 3보다 (큽니다 , 작습니다).

하나씩 짝지어 보면
6이 3보다 큰 수인 걸
쉽게 알 수 있어요.

2 왼쪽의 수만큼 ◯를 그리고 알맞은 말에 ◯표 하세요.

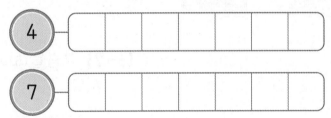

4는 7보다 (큽니다 , 작습니다).

(3~5) 더 큰 수에 ◯표 하세요.

3 | I   2 |

4 | 6   4 |

5 | 5   9 |

(6~8) 더 작은 수에 △표 하세요.

6 | 4   I |

7 | 3   7 |

8 | 6   8 |

단계 2 개념 집중 연습

0 알아보기

1 크레파스의 수를 세어 보고 □ 안에 알맞은 수를 써넣으세요.

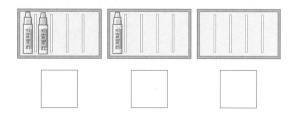

☐ ☐ ☐

2 책의 수를 세어 보고 □ 안에 알맞은 수를 써넣으세요.

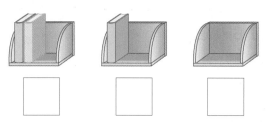

☐ ☐ ☐

3 연필의 수를 세어 선으로 이어 보세요.

3 2 1 0

수의 크기 비교하기

(4~5) 그림을 보고 더 큰 수에 ◯표 하세요.

4

🐟🐟🐟🐟	4
🐚🐚🐚🐚🐚🐚🐚	7

5

🦀🦀🦀🦀🦀🦀	6
🦐🦐🦐🦐🦐	5

(6~7) 그림을 보고 더 작은 수에 △표 하세요.

6

⭐⭐⭐	3
🐚🐚🐚🐚🐚	5

7

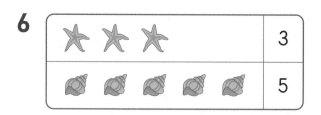

🐋🐋🐋🐋	4
🐟🐟🐟🐟🐟🐟	6

월 　 일

1
단원

(8~9) 그림을 보고 알맞은 말에 ◯표 하세요.

8 　셔틀콕　　　　농구공

 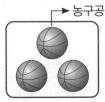

셔틀콕은 농구공보다
　　　　(많습니다 , 적습니다).
4는 3보다 (큽니다 , 작습니다).

9

 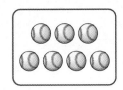

야구 방망이는 야구공보다
　　　　(많습니다 , 적습니다).
6은 7보다 (큽니다 , 작습니다).

(10~11) 왼쪽의 수만큼 ◯를 그리고, 알맞은 말에 ◯표 하세요.

10 　7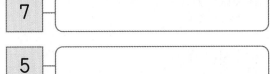

　5

5는 7보다 (큽니다 , 작습니다).

11 　4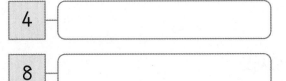

　8

8은 4보다 (큽니다 , 작습니다).

(12~15) 더 큰 수에 ◯표 하세요.

12 | 3 　 9 |

13 | 5 　 8 |

14 | 2 　 1 |

15 | 2 　 5 |

(16~19) 더 작은 수에 △표 하세요.

16 | 2 　 6 |

17 | 7 　 4 |

18 | 3 　 1 |

19 | 5 　 9 |

20 3보다 큰 수에 ◯표, 3보다 작은 수에
△표 하세요.

| 1 　 2 　 3 　 4 　 5 　 6 |

단계 **3** 익힘 문제 연습

1 물건의 수를 세어 ☐ 안에 알맞은 수를 써넣으세요.

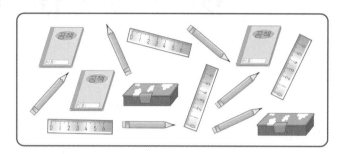

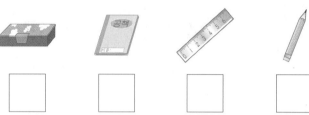

☐	☐	☐	☐

다시 확인

물건을 하나씩 가리키며 하나, 둘, 셋, ...으로 세어 보세요.

2 알맞은 수에 ◯표 하고, 선으로 이어 보세요.

🍬　｜②3 4 5 　•　•　일곱(칠)

🍬🍬🍬🍬🍬　3 4 5 6 7 　•　•　둘(이)

🍬🍬🍬🍬🍬　2 3 4 5 6 　•　•　다섯(오)

· 수는 두 가지로 읽을 수 있습니다.

3 수의 순서에 맞게 빈칸에 알맞은 수를 써넣으세요.

｜	2		4	5				9

(4~5) ☐ 안에 알맞은 수를 써넣으세요.

4 3보다 1만큼 더 큰 수는 ☐ 입니다.

5 6보다 1만큼 더 작은 수는 ☐ 입니다.

6 순서에 알맞게 선으로 이어 보세요.

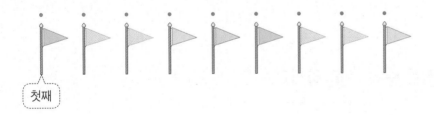

| 셋째 | 여섯째 | 다섯째 | 여덟째 |

첫째

왼쪽에서부터 첫째, 둘째, 셋째, ..., 아홉째예요.

7 그림을 보고 수를 세어 비교해 보세요.

┌ 복숭아는 참외보다 (많습니다 , 적습니다).
└ 7은 ☐ 보다 (큽니다 , 작습니다).

・사물의 수를 비교할 때는 '많다', '적다'로 말하지만 수를 비교할 때는 '크다', '작다'로 말합니다.

8 ☐ 안에 알맞은 수를 써넣으세요.

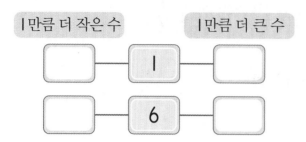

9 7보다 1만큼 더 큰 수를 나타내는 것에 ◯표 하세요.

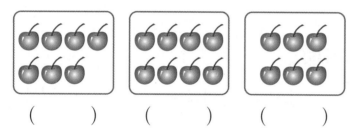

10 더 큰 수에 ◯표, 더 작은 수에 △표 하세요.

(1) | 2 | 5 | (2) | 6 | 8 |

11 펼친 손가락의 수를 세어 써 보세요.

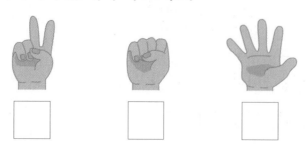

아무것도 없는 것은
'0'이라고 나타내요.

12 수를 순서대로 선으로 이어 보세요.

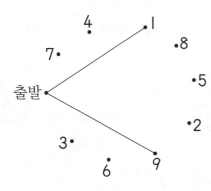

13 보기와 같이 색칠해 보세요.

넷째는 순서를 나타내므로 넷째에 있는 1개에만 색칠했어요.

14 보기와 같은 방법으로 색칠해 보세요.

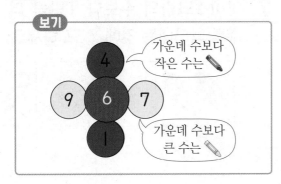

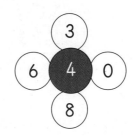

수를 1부터 순서대로 썼을 때 앞의 수가 작은 수, 뒤의 수가 큰 수입니다.

1 병아리의 수만큼 ◯에 색칠하세요.

2 수를 세어 보고 알맞은 수에 ◯표 하세요.

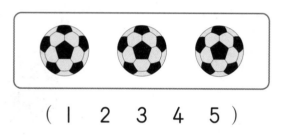

(| 2 3 4 5)

3 관계있는 것끼리 선으로 이어 보세요.

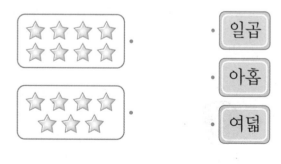

4 수를 두 가지로 읽어 보세요.

읽기 (,   )

5 바나나의 수를 세어 보고 ☐ 안에 알맞은 수를 써넣으세요.

6 수의 순서에 맞게 빈칸에 알맞은 수를 써넣으세요.

7 아이스크림의 수보다 |만큼 더 작은 수를 나타내는 것에 △표 하세요.

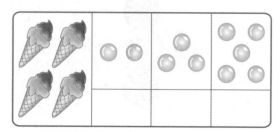

8 보기와 같이 색칠해 보세요.

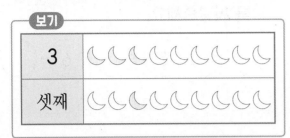

11 도토리의 수와 관계없는 것을 찾아 기호를 써 보세요.

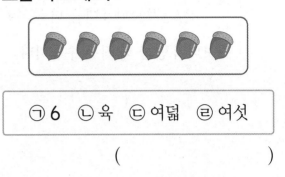

ㄱ 6   ㄴ 육   ㄷ 여덟   ㄹ 여섯

(   )

9 그림을 보고 □ 안에 알맞은 수를 써넣으세요.

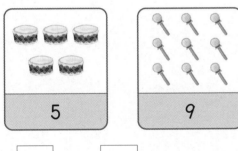

□ 은/는 □ 보다 큽니다.

12 두 수를 비교하여 더 큰 수에 ○표 하세요.

8   **3**

(   )   (   )

10 그림의 수보다 1만큼 더 큰 수를 □ 안에 써넣으세요.

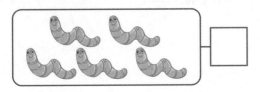

13 왼쪽의 수보다 작은 수에 △표 하세요.

5 ── 8   2   7

14 ☐ 안에 알맞은 수는 얼마일까요?

☐ 은/는 7보다 1만큼 더 큰 수이고
9보다 1만큼 더 작은 수입니다.

(   )

15 윤정이가 햄버거를 만들었습니다. 치즈는 아래에서 몇째일까요?

빵
토마토
양상추
치즈
고기
빵

(   )

16 원호와 지아가 수 카드를 작은 수부터 순서대로 놓았습니다. 수 카드를 <u>잘못</u> 놓은 친구의 이름을 써 보세요.

원호: 3 4 5 6 7

지아: 4 3 5 7 6

(   )

17 순서를 거꾸로 하여 빈칸에 알맞은 수를 써넣으세요.

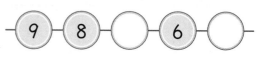
9 8 ◯ 6 ◯

(18~20) 그림과 같이 화분에 꽃들이 피었습니다. 물음에 답하세요.

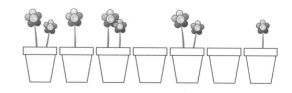

18 화분은 모두 몇 개일까요?

(   )

19 왼쪽에서 둘째 화분에 색칠해 보세요.

20 왼쪽에서 여섯째 화분에는 꽃이 몇 송이 피어 있나요?

(   )

스스로 학습장

개미굴을 완성하면서 9까지의 수를 정리해 보세요.

2 여러 가지 모양

QR 코드를 찍어 개념
동영상 강의를 보세요.
게임도 하고 문제도 풀
수 있어요.

이번에 배울 내용

- 여러 가지 모양 찾아보기
- 여러 가지 모양 알아보기
- 같은 모양끼리 모아 보기
- 여러 가지 모양으로 만들기

여러 가지 모양을 찾아볼까요

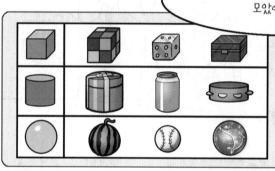

개념 클릭

[1~3] 왼쪽과 같은 모양의 물건에 ○표 하세요.

1

2

교실에 있는 ⬜ 모양은 분필, 물통 등이 있어요.

3

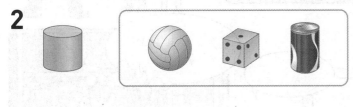

4 왼쪽 물건은 모두 어떤 모양인지 알맞은 모양에 ○표 하세요.

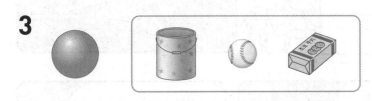

여러 가지 모양을 알아볼까요

드디어 찾았다! 소중한 나의 보물~.

어? 아저씨 이 구슬을 알아요?

응, 이건 내가 잃어버렸던 거란다.

그럼 아저씨가 장보고 장군님?

어? 내 이름을 어떻게 알았니?

돌고래가 장군님을 알려 줬어요!

돌고래?

장군님! 해적 두목이 곧 깨어날 것 같아요.

그럼 우선 이곳을 얼른 빠져나가자.

네!

그 전에 우리 해적 두목을 골탕 먹여볼까?

어떻게요?

이걸 마구마구 섞어 놓을 거야.

해적 두목은 여러 가지 모양들을 특징에 맞게 잘 정리해 뒀어.

아, 그렇네요.

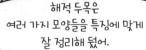	평평한 부분과 뾰족한 부분이 있습니다.
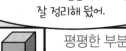	평평한 부분과 둥근 부분이 있습니다.
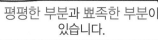	둥근 부분이 있습니다.

자, 이제 이곳을 빠져나가자.

네. 장군님!

아~. 머리가 아…파.

무슨 일이 있었던 거지?

개념클릭

• 여러 가지 모양 알아보기

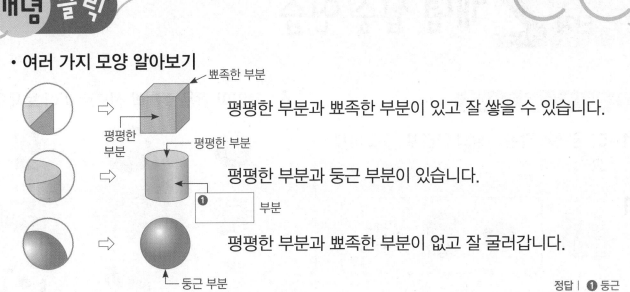

뾰족한 부분

평평한 부분

평평한 부분과 뾰족한 부분이 있고 잘 쌓을 수 있습니다.

평평한 부분

평평한 부분과 둥근 부분이 있습니다.

❶   부분

평평한 부분과 뾰족한 부분이 없고 잘 굴러갑니다.

둥근 부분

정답 | ❶ 둥근

1 모양이 같은 것끼리 선으로 이어 보세요.

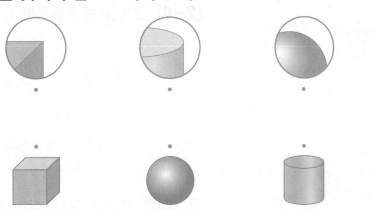

모양의 일부분을
보고 전체 모양을
생각해 봐요.

2 알맞은 모양에 ◯표 하세요.

뾰족한 부분이 있고 잘 쌓을 수 있는 모양은

(▨ , ▨ , ●) 모양입니다.

는 평평한 부분과
둥근 부분이 있으므로
모양의 일부분이에요.

3 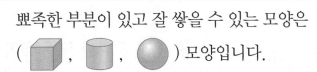 와 같은 모양의 물건에 ◯표 하세요.

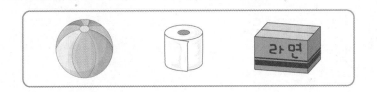

라면

단계 2 개념 집중 연습

여러 가지 모양 찾아보기

(1~5) 왼쪽과 같은 모양의 물건에 ◯표 하세요.

1

2

3

4

5

6 모양이 같은 것끼리 선으로 이어 보세요.

(7~9) 그림을 보고 물음에 답하세요.

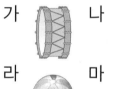

7 ⬜ 모양을 모두 찾아 기호를 써 보세요.

( )

8 ⚪ 모양을 모두 찾아 기호를 써 보세요.

( )

9 ⬛ 모양을 모두 찾아 기호를 써 보세요.

( )

여러 가지 모양 알아보기

(10~14) 왼쪽과 같은 모양의 물건에 ◯표 하세요.

10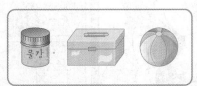

11

12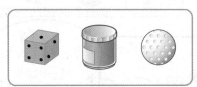

13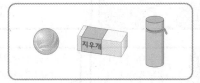

14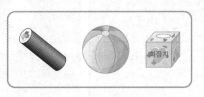

(15~17) 보기 를 읽고 물음에 답하세요.

보기
- 잘 굴러갑니다.
- 평평한 부분이 있습니다.

15 잘 굴러가는 모양을 모두 찾아 ◯표 하세요.

(, ,)

16 평평한 부분이 있는 모양을 모두 찾아 ◯표 하세요.

(, ,)

17 보기 의 특징이 모두 있는 모양은 무엇 인지 찾아 ◯표 하세요.

(, ,)

18 설명에 알맞은 모양을 찾아 선으로 이어 보세요.

| 평평한 부분과 둥근 부분이 있어요. | · | · | |

| 뾰족한 부분이 있고 잘 쌓을 수 있어요. | · | · | |

| 둥근 부분이 있고 여러 방향으로 잘 굴러가요. | · | · | |

같은 모양끼리 모아 볼까요

개념 클릭

• 같은 모양끼리 모아 보기

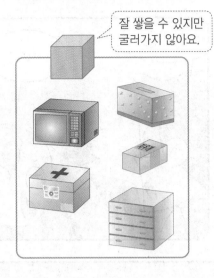

잘 쌓을 수 있지만 굴러가지 않아요.

눕히면 잘 굴러가고 세우면 쌓을 수 있어요.

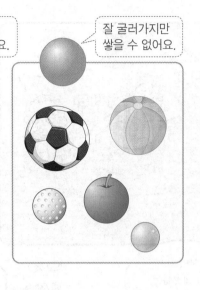

잘 굴러가지만 쌓을 수 없어요.

(1~3) 어떤 모양의 물건을 모아 놓은 것인지 알맞은 모양에 ◯표 하세요.

1

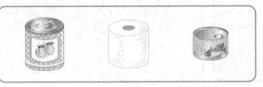

(, ,)

2

(, )

3

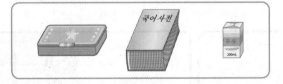

(, )

4 모양을 모은 것입니다. <u>잘못</u> 모은 것에 ✕표 하세요.

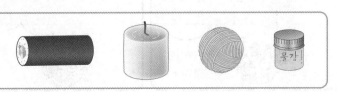

모양은 평평한 부분과 둥근 부분이 있어요.

2. 여러 가지 모양 **51**

여러 가지 모양으로 만들어 볼까요

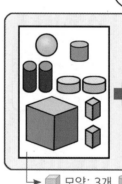

모양: 3개, 모양: 5개, 모양: 1개

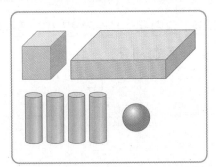

개념 클릭

· 여러 가지 모양으로 만들기

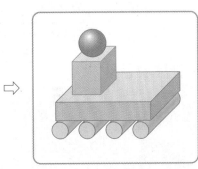

모양 2개, 모양 4개, 모양 **①** 개로 만들었어요.

정답 | **①** 1

2단원

(1~3) , , 모양으로 다음과 같은 모양을 만들었습니다. 물음에 답하세요.

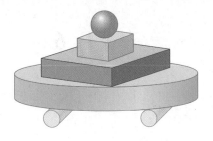

같은 모양을 찾을 때에는 크기와 색은 생각하지 않아도 돼요.

1 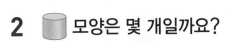 모양은 몇 개일까요?

(　　　　　)

2 모양은 몇 개일까요?

(　　　　　)

3 모양은 몇 개일까요?

(　　　　　)

4 , , 모양을 각각 몇 개 사용했는지 세어 보세요.

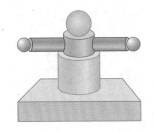

　모양 (　　　　　)

　모양 (　　　　　)

　모양 (　　　　　)

같은 모양끼리 모아 보기

(1~4) 어떤 모양의 물건을 모아 놓은 것인지 알맞은 모양에 ◯표 하세요.

1

(⬜ , ⬛ , ⚫)

2

(⬜ , ⬛ , ⚫)

3

(⬜ , ⬛ , ⚫)

4

(⬜ , ⬛ , ⚫)

(5~8) 주어진 모양을 모은 것입니다. <u>잘못</u> 모은 것에 ×표 하세요.

5

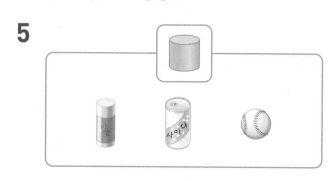

6

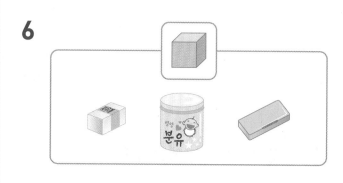

7

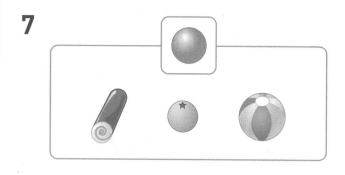

8

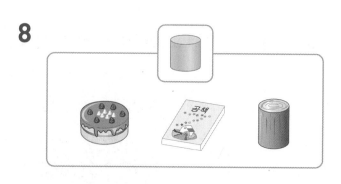

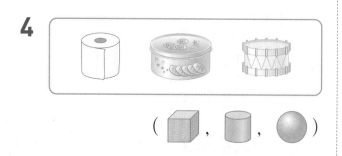

월   일

여러 가지 모양으로 만들기

[9~11] 주어진 모양을 보고 ☐ 안에 알맞은 수를 써넣으세요.

9

▢ 모양은 ☐ 개 있습니다.

▢ 모양은 ☐ 개 있습니다.

● 모양은 ☐ 개 있습니다.

10

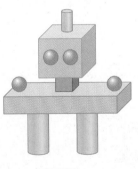

▢ 모양은 ☐ 개 있습니다.

▢ 모양은 ☐ 개 있습니다.

● 모양은 ☐ 개 있습니다.

11

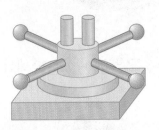

▢ 모양은 ☐ 개 있습니다.

▢ 모양은 ☐ 개 있습니다.

● 모양은 ☐ 개 있습니다.

[12~13] ▢, ▢, ● 모양 중에서 가장 많이 사용한 모양에 ◯표 하세요.

12

(▢ , ▢ , ●)

13

(▢ , ▢ , ●)

2

단원

1 모양에 ◯표 하세요.

(   )   (   )   (   )

다시 확인

• 평평한 부분과 뾰족한 부분이 있는 모양을 찾아봅니다.

2 모양에 ◯표 하세요.

(   )   (   )   (   )

• 평평한 부분과 둥근 부분이 있는 모양을 찾아봅니다.

3 모양에 ◯표 하세요.

(   )   (   )   (   )

• 둥근 부분만 있는 모양을 찾아봅니다.

4 모양이 같은 것끼리 선으로 이어 보세요.

세탁기와 선물 상자는 모두 ⬜ 모양이에요.

5 모양을 보고 알맞은 물건을 찾아 선으로 이어 보세요.

 ·

 ·

 ·

·

·

·

다시 확인

· 모양의 일부분을 보고 알맞은 모양을 찾을 수 있습니다.

 : 모양

 : 모양

 : 모양

2
단원

6 그림에서 사용된 모양을 찾아 ○표 하세요.

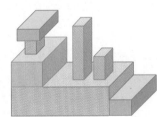

 모양   모양   ⬤ 모양

(   ) (   ) (   )

7 모양을 몇 개 사용했는지 세어 보세요.

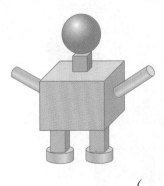

(   )

크기와 색에 관계없이 모양을 모두 세어 봐요.

2. 여러 가지 모양 **57**

8 쌓을 수 있는 물건에 모두 ◯표 하세요.

(   )   (   )   (   )

다시 확인

• 평평한 부분이 있는 모양은 쌓을 수 있습니다.

9 민지가 비밀 상자 속에 들어 있는 물건을 손으로 만져 보고 어떤 모양인지 설명하였습니다. 알맞은 모양을 찾아 기호를 써 보세요.

(   )

10 두 그림에서 서로 다른 부분을 모두 찾아 오른쪽 그림에 ◯표 하세요.

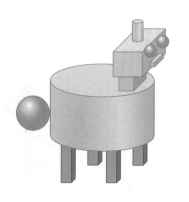 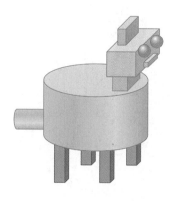

서로 다른 부분은 모두 2군데 있어요.

11 다음 그림에서 사용된 모양을 모두 찾아 ◯표 하세요.

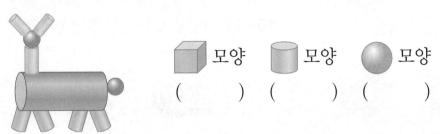

■ 모양　　▥ 모양　　● 모양

(　　)　 (　　)　 (　　)

다시 확인

크기와 색에 관계없이 같은 모양으로 분류해요.

12 ■, ▥, ● 모양을 각각 몇 개 사용했는지 세어 보세요.

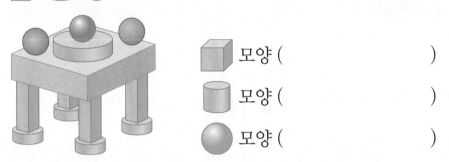

■ 모양 (　　　　　　　)

▥ 모양 (　　　　　　　)

● 모양 (　　　　　　　)

13 다음 모양을 모두 사용하여 만든 모양을 찾아 선으로 이어 보세요.

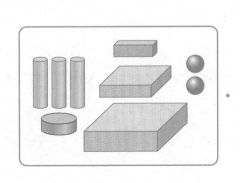

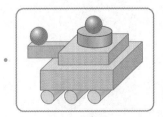

· ■ 모양: 3개,

　▥ 모양: 4개,

　● 모양: 2개로 만든 모양

을 찾아봅니다.

단계 4. 단원 평가

1 모양을 찾아 ◯표 하세요.

(   ) (   ) (   )

2 오른쪽과 같은 모양을 찾아
◯표 하세요.

(, , ◯)

3 모양이 같은 것끼리 선으로 이어 보세
요.

        ·   ·

        ·   ·

        ·   ·

4 어떤 모양의 물건을 모아 놓은 것인지
알맞은 모양에 ◯표 하세요.

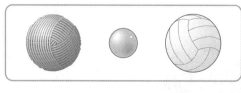

(, ,)

(5~7) 그림을 보고 물음에 답하세요.

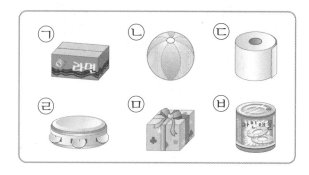

5 ◯ 모양을 찾아 기호를 써 보세요.

(   )

6 모양은 모두 몇 개일까요?

(   )

7 모양을 모두 찾아 기호를 써 보세
요.

(   )

8 모양이 <u>다른</u> 하나를 찾아 ◯표 하세요.

(   ) (   ) (   )

월   일

(9~10) 그림을 보고 물음에 답하세요.

가   나

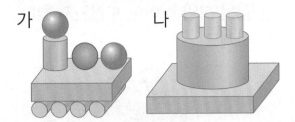

9 가와 나 중에서 ⬤ 모양이 있는 것은 어느 것일까요?

(   )

10 나에는 ⬭ 모양이 몇 개 있을까요?

(   )

11 모양을 보고 □ 안에 알맞은 수를 써넣으세요.

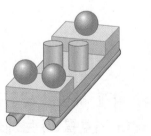

⬛ 모양 [   ] 개, ⬭ 모양 [   ] 개,

⬤ 모양 [   ] 개로 만든 모양입니다.

12 그림에서 ⬛ 모양, ⬭ 모양, ⬤ 모양 중 가장 많은 모양은 몇 개일까요?

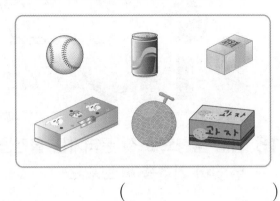

(   )

2 단원

(13~14) 물건의 일부분을 보고 알맞은 모양을 보기에서 찾아 기호를 써 보세요.

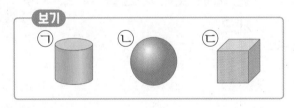

보기

ㄱ   ㄴ   ㄷ

13

(   )

14

사회

(   )

[15~16] 그림을 보고 물음에 답하세요.

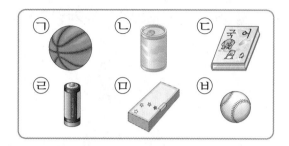

15 여러 방향으로 잘 굴러가는 물건을 모두 찾아 기호를 써 보세요.

( )

16 오른쪽과 같은 모양의 물건을 모두 찾아 기호를 써 보세요.

( )

17 비밀 상자 안에 손을 넣어 물건을 만져 보고 설명한 것입니다. 바르게 설명한 사람은 누구일까요?

지연: 둥근 부분만 있어.
현수: 둥근 부분과 평평한 부분이 있어.

( )

18 그림과 같은 모양을 만들 때 사용하지 <u>않은</u> 모양은 어떤 모양인지 찾아 ○표 하세요.

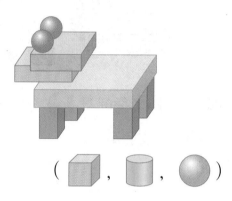

(⬜ , ⬛ , ●)

[19~20] 오른쪽 모양을 보고 물음에 답하세요.

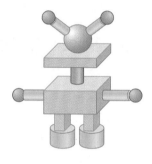

19 가장 많이 사용한 모양은 몇 개일까요?

( )

20 가장 적게 사용한 모양은 어떤 모양인지 찾아 기호를 써 보세요.

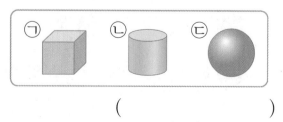

( )

스스로 학습장

설명을 읽고 맞으면 ○표, **틀리면** ×표 하세요.

1 는 모양입니다. ┈┈┈┈┈┈┈┈┈┈┈┈┈┈┈┈┈ ( )

2 은 모양입니다. ┈┈┈┈┈┈┈┈┈┈┈┈┈┈┈┈┈ ( )

3 은 모양입니다. ┈┈┈┈┈┈┈┈┈┈┈┈┈┈┈┈┈ ( )

4 는 와 관계있는 모양입니다. ┈┈┈┈┈┈┈ ( )

5 는 와 관계있는 모양입니다. ┈┈┈┈┈┈┈ ( )

6 모양은 둥근 부분이 있고 잘 쌓을 수 있습니다. ┈┈┈ ( )

7 모양은 평평한 부분과 둥근 부분이 있습니다. ┈┈┈┈ ( )

8 모양은 잘 굴러갑니다. ┈┈┈┈┈┈┈┈┈┈┈┈┈┈┈ ( )

🌑 맞은 개수 0~3개 ☐
이런! 수학 실력을 더 쌓아야겠네요.

🌑 맞은 개수 4~6개 ☐
좀 더 노력하면 수학왕이 될 수 있어요.

🌑 맞은 개수 7~8개 ☐
야호! 당신은 수학왕!

3

덧셈과 뺄셈

QR 코드를 찍어 개념 동영상 강의를 보세요. 게임도 하고 문제도 풀 수 있어요.

이번에 배울 내용

- 1~9까지의 수 모으기
- 1~9까지의 수 가르기
- 그림을 보고 이야기 만들기
- 덧셈하기
- 뺄셈하기
- 0이 있는 덧셈과 뺄셈

자, 사과를 하나씩 먹자!

네, 장군님!

잘 먹겠습니다!

쉿~. 조용히 해.

들키지 않게 쫓아가야 해.

근데, 두목.

저희는 천하무적 해적인데 왜 몰래 쫓아가야 하죠?

그냥 구슬을 뺏으면 되잖아요.

다 작전대로 하고 있는 거야!

무슨 작전인데요?

그러니까 그 작전은 말이지….

으~. 갑자기 작전이 생각나지 않아.

당황

당황

어서 알려주세요!!

좀 기다려 봐.

음…. 저 녀석들은 청해진 쪽으로 가는 거 같아.

청해진이요?

그러니까 우리는 청해진에 숨어있다 공격한다!

아….

우와… 대단한 작전이네요.

영혼 없음

별로 훌륭한 작전은 아닌 거 같은데요?

시끄러워! 얼른 가자.

모으기를 해 볼까요 (1)

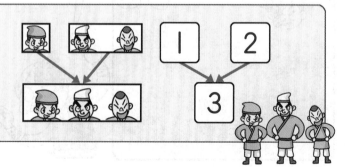

개념 클릭

• 두 수를 모으기 (1)

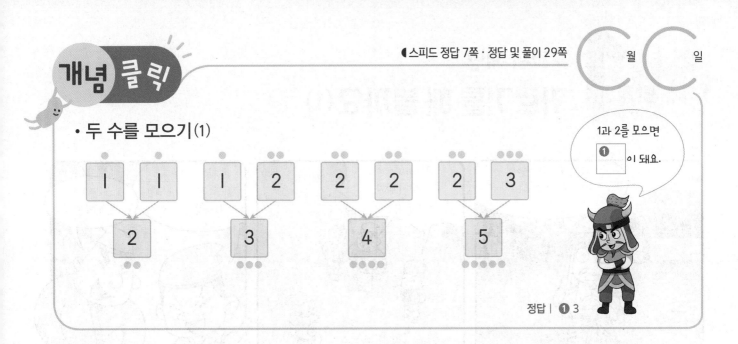

1과 2를 모으면
❶ 이 돼요.

정답 | ❶ 3

(1~2) 그림을 보고 빈칸에 알맞은 수를 써넣으세요.

1

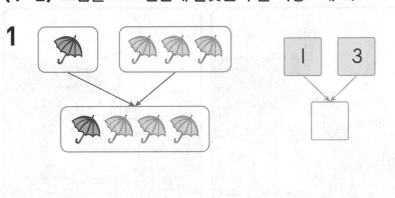

그림을 보고
모으기를 해 보세요.

2

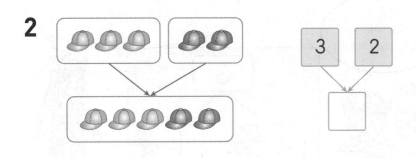

(3~4) 모으기를 하여 빈칸에 알맞은 수를 써넣으세요.

3

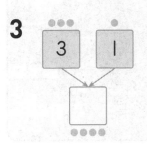

4

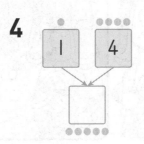

1과 4를 모아도 5,
3과 2를 모아도
5가 돼요.

3. 덧셈과 뺄셈 **67**

가르기를 해 볼까요 (1)

아무래도 너희들이 나에 대해 잘 모르는 것 같구나!

푸하하하~. 큰 소리 치기는! 네가 누군데?

꼭 자기가 장보고 장군이나 되는 것처럼 말하네.

그러니깐. 완전 웃겨~.

눈이 나쁜 건지 머리가 나쁜 건지 모르겠군.

내가 바로 진짜 장보고다!

진지해서 깜...빡 속을 뻔했네~.

훗! 안 믿어도 상관없어. 꼼짝 마라!

진짜인가 봐! 도망가자!

장군님, 2명과 1명으로 갈라져 도망가요!

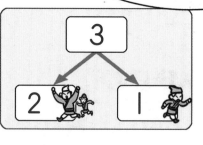

3은 2와 1로 가를 수 있단다.

3

2 1

저렇게 도망가게 둬도 괜찮을까요?

녀석들은 단단히 겁먹은 거 같아.

자, 이제 그만 우리 집으로 가자꾸나.

네!

대체 이 꼬마 아이들은 어디서 온 걸까?

개념 클릭

· 두 수로 가르기(1)

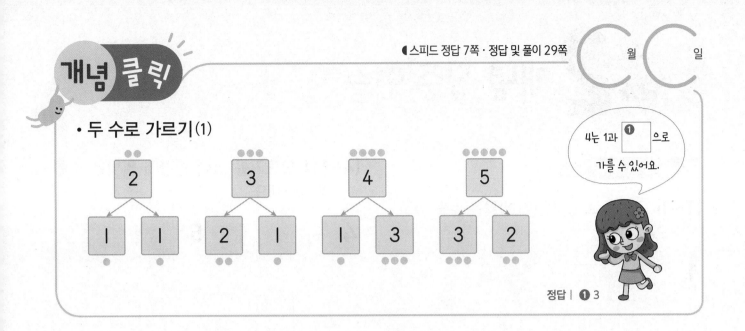

4는 1과 **❶** 으로 가를 수 있어요.

정답 | ❶ 3

(1~2) 그림을 보고 빈칸에 알맞은 수를 써넣으세요.

1

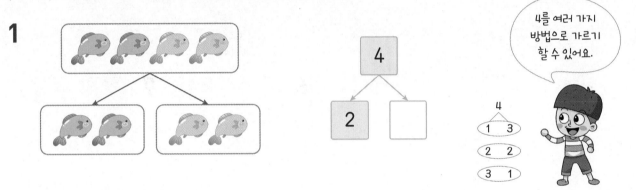

4를 여러 가지 방법으로 가르기 할 수 있어요.

2

(3~4) 가르기를 하여 빈칸에 알맞은 수를 써넣으세요.

3

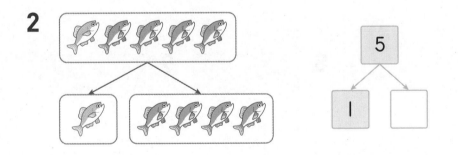

4

● 두 수를 모으기(1)

(1~3) 그림을 보고 빈칸에 알맞은 수를 써넣으세요.

1

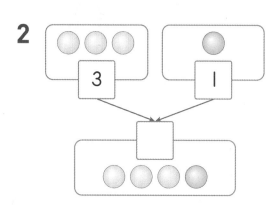

2

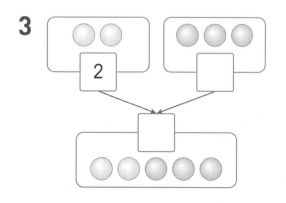

3

(4~11) 모으기를 하여 빈칸에 알맞은 수를 써넣으세요.

4

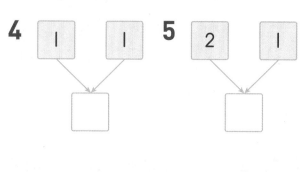

5

6

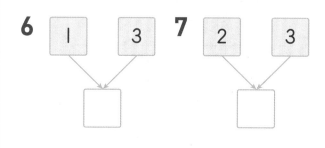

7

8

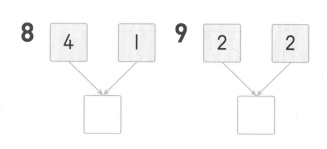

9

10

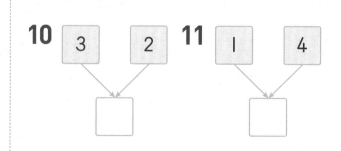

11

● 두 수로 가르기 (1)

(12~14) 그림을 보고 빈칸에 알맞은 수를 써 넣으세요.

12

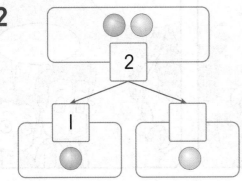

13

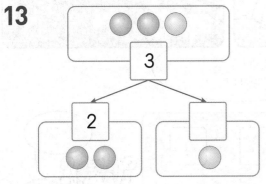

14

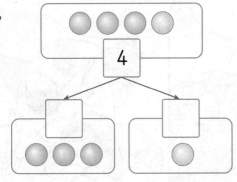

(15~22) 가르기를 하여 빈칸에 알맞은 수를 써넣으세요.

15   **16**

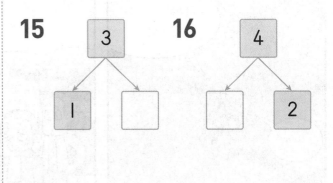

17   **18**

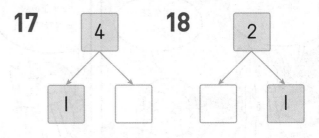

19   **20**

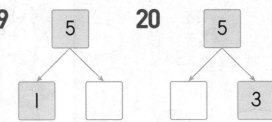

21   **22**

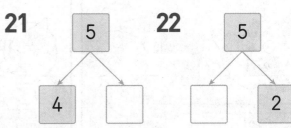

3
단원

모으기를 해 볼까요 (2)

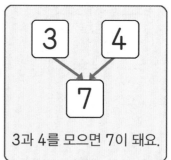

개념 클릭

• 두 수를 모으기 (2)

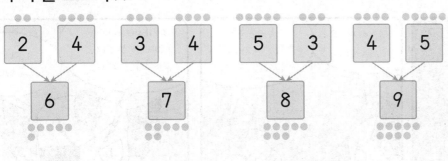

2와 4를 모으면
❶ ☐ 이 돼요.

정답 | ❶ 6

[1~2] 그림을 보고 빈칸에 알맞은 수를 써넣으세요.

1

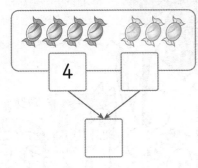

2

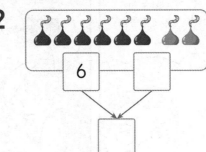

[3~7] 모으기를 하여 빈칸에 알맞은 수를 써넣으세요.

3

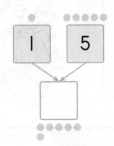

4

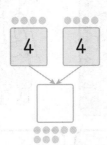

점이
모두 몇 개인지
세어 보세요.

5

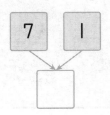

6

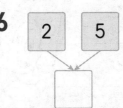

7

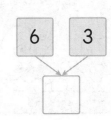

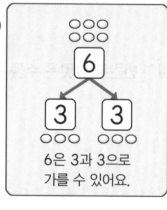

9791125975632

개념클릭

• 두 수로 가르기 ⑵

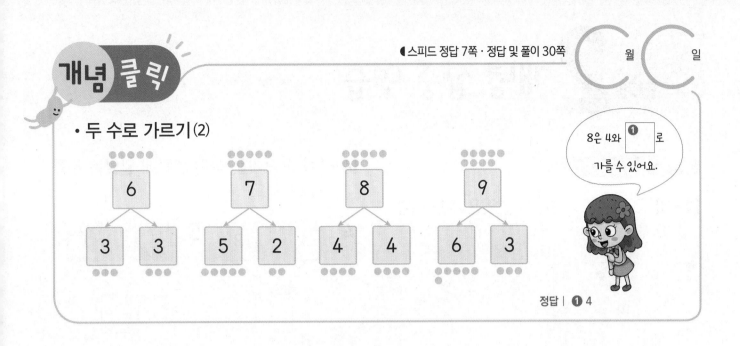

8은 4와 ❶ 로 가를 수 있어요.

정답 | ❶ 4

(1~2) 그림을 보고 빈칸에 알맞은 수를 써넣으세요.

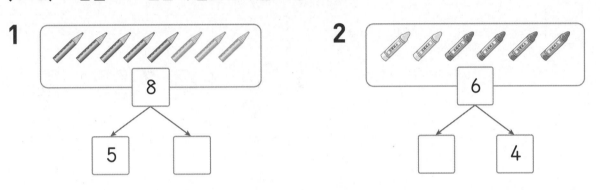

(3~6) 가르기를 하여 빈칸에 알맞은 수를 써넣으세요.

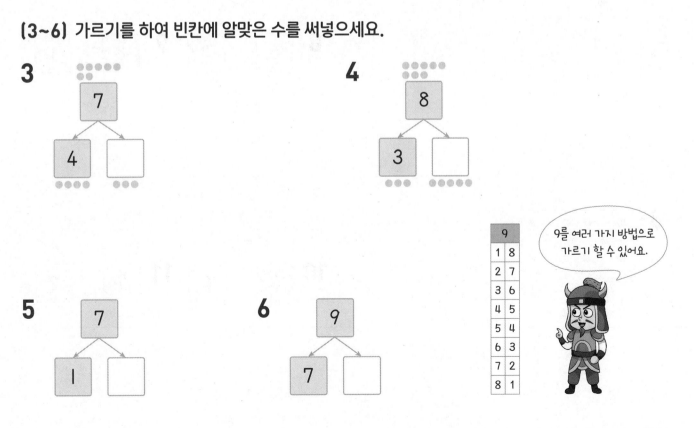

9를 여러 가지 방법으로 가르기 할 수 있어요.

9	
1	8
2	7
3	6
4	5
5	4
6	3
7	2
8	1

3. 덧셈과 뺄셈 **75**

● 두 수를 모으기 (2)

(1~3) 그림을 보고 빈칸에 알맞은 수를 써넣으세요.

1
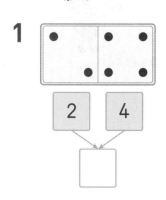

2
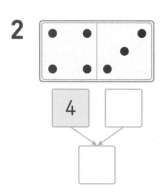

3
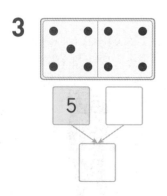

(4~11) 모으기를 하여 빈칸에 알맞은 수를 써넣으세요.

4 / **5**
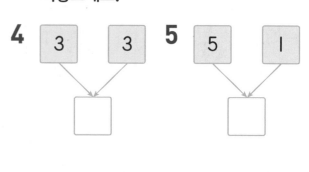

6 / **7**
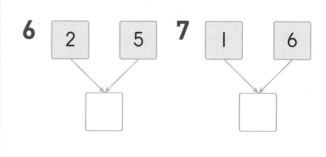

8 / **9**
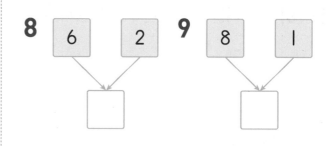

10 / **11**
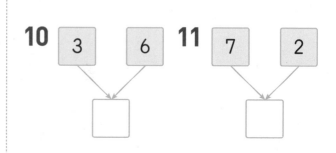

월   일

● 두 수로 가르기 (2)

(12~14) 그림을 보고 빈칸에 알맞은 수를 써넣으세요.

12

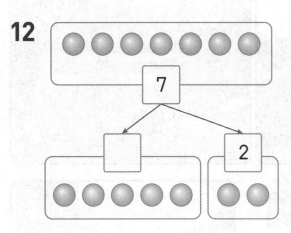

13

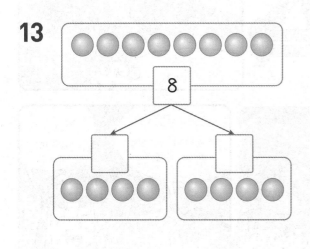

14

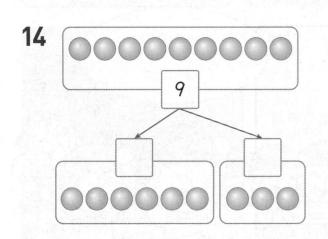

(15~22) 가르기를 하여 빈칸에 알맞은 수를 써넣으세요.

15 **16**

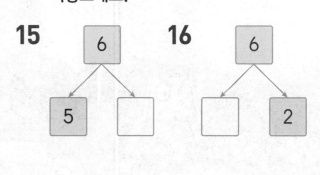

17 **18**

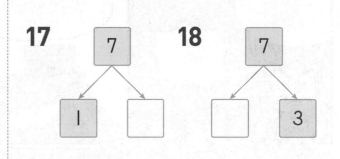

19 **20**

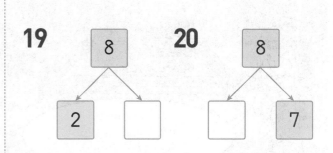

21 **22**

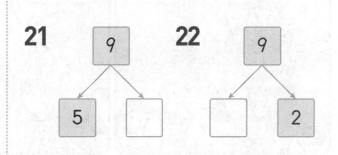

3 단원

3. 덧셈과 뺄셈 **77**

이야기를 만들어 볼까요

개념 클릭

• 그림을 보고 이야기 만들기

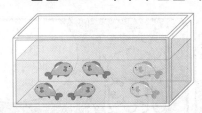

빨간색 물고기 4마리와 연두색 물고기 2마리를 모으면 모두 ❶□ 마리가 됩니다.

빨간색 물고기가 연두색 물고기보다 ❷□ 마리 더 많습니다.

정답 | ❶ 6 ❷ 2

(1~4) 그림을 보고 □ 안에 알맞은 수를 써넣으세요.

1

왼쪽 화분에 꽃 2송이가 있고 오른쪽 화분에 꽃 1송이가 있어서 꽃은 모두 □ 송이입니다.

2

나뭇가지에 새 3마리가 있었는데 2마리가 더 날아와서 새는 모두 □ 마리가 되었습니다.

3

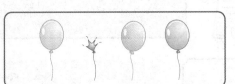

풍선 4개 중에서 1개가 터져 풍선이 □ 개 남았습니다.

4

달걀 7개 중에서 □ 개가 깨져서 달걀이 □ 개 남았습니다.

3

단원

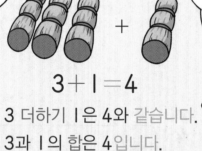

$$3 + 1 = 4$$

3 더하기 1은 4와 같습니다.

3과 1의 합은 4입니다.

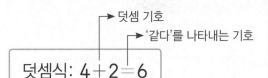

개념 클릭

• 덧셈 알아보기

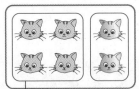 

→ 고양이 4마리와 2마리를 더하면 모두 6마리입니다.

→ 덧셈 기호
→ '같다'를 나타내는 기호

덧셈식: 4+2=6

4 더하기 2는 6과 같습니다.
4와 2의 합은 ❶ 입니다.

정답 | ❶ 6

(1~2) 그림에 알맞은 덧셈식을 쓰고 읽어 보세요.

1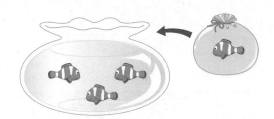

3+1=☐

3 더하기 1은 ☐ 와/과 같습니다.

2

3+3=☐

3과 3의 합은 ☐ 입니다.

3 덧셈식을 읽어 보세요.

1+6=7 ⇨

1 ☐ 6은 7과 같습니다.

1과 6의 ☐ 은/는 7입니다.

4 덧셈식을 완성하고 읽어 보세요.

 ⇨ 2+2=☐

닭 2마리와 병아리 2마리를 더하면 모두 몇 마리일까요?

읽기 _____

● 그림을 보고 이야기 만들기

(1~6) 그림을 보고 □ 안에 알맞은 수를 써 넣으세요.

1

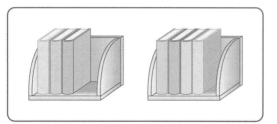

왼쪽 책장에 책이 **3**권, 오른쪽 책장에 책이 **4**권 있으므로 책은 모두 □권 입니다.

2

어미 오리 **1**마리와 새끼 오리 □마리 가 있으므로 오리는 모두 □마리입 니다.

3

검정 강아지 **2**마리와 흰 강아지 □마리가 있으므로 강아지는 모두 □마리입니다.

4

숟가락은 **6**개이고, 포크는 **3**개이므로 숟가락은 포크보다 □개 더 많습 니다.

5

사슴은 **4**마리이고, 기린은 **2**마리이 므로 사슴은 기린보다 □마리 더 많습니다.

6

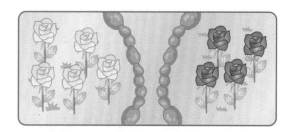

노란색 꽃은 **5**송이이고, 빨간색 꽃은 □송이이므로 노란색 꽃은 빨간색 꽃보다 □송이 더 많습니다.

월 ⬭ 일 ⬭

● 덧셈 알아보기

(7~9) 그림에 알맞은 덧셈식을 쓰고 읽어 보세요.

7

쓰기 4 + 1 = ☐

읽기 4 더하기 1은 ☐ 와/과 같습니다.

8

쓰기 3 + 2 = ☐

읽기 3과 ☐ 의 합은 ☐ 입니다.

9

쓰기 4 + 3 = ☐

읽기 4 더하기 ☐ 은/는 ☐ 와/과 같습니다.

(10~13) 덧셈식을 읽어 보세요.

10

2 + 1 = 3

2 ☐ 1은 3과 같습니다.

2와 1의 ☐ 은/는 3입니다.

11

3 + 5 = 8

3 ☐ 5는 8과 같습니다.

3과 5의 ☐ 은/는 8입니다.

12

5 + 2 = 7

5 ☐ 2는 7과 같습니다.

5와 2의 ☐ 은/는 ☐ 입니다.

13

4 + 5 = 9

4 ☐ 5 는 ☐ 와/과 같습니다.

4와 5의 ☐ 은/는 ☐ 입니다.

3

단원

덧셈을 해 볼까요 (1)

저 비둘기들은 평범한 비둘기들이 아니란다.

병사들이 정보를 전달하는 비둘기란다.

우아~. 멋진 비둘기들 이네요!

저기 나뭇가지에 비둘기 3마리가 앉아있어요!

어, 저기 2마리가 더 날아와요!

그럼 모두 몇 마리가 되지?

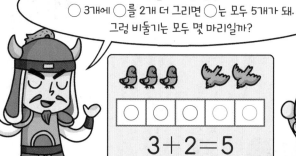

3과 2를 더하면 된단다.
◯ 3개에 ◯를 2개 더 그리면 ◯는 모두 5개가 돼.
그럼 비둘기는 모두 몇 마리일까?

$$3+2=5$$

5마리예요.

삐익~

어떤 정보를 보냈을까?

이 곳에 3명의 해적이 몰래 숨어 있다는구나!

해적이요?

장군님! 그럼 이제 어떡해요?!

어서 해적을 잡아야죠.

몰래 왔다는 건 무언가를 훔치러 온 건가….

하늘아, 태양아. 너희가 나를 좀 도와 줘야겠구나!

네!!

개념 클릭

• 덧셈하기 (1) – 그림을 그려 덧셈하기

$$2+3=5$$

분홍색 컵 2개와 하늘색 컵 3개를
더하면 컵은 모두 **❶** 개입니다.

→ 컵의 수만큼 ○를 그리고 ○가 모두 몇 개인지 세어 덧셈을 해요.

정답 | ❶ 5

1 나뭇가지에 참새 3마리가 앉아있고 3마리가 더 날아왔습니다. 참새는 모두 몇 마리인지 알아보세요.

(1) 더 날아온 참새의 수만큼 ○를 그려 보세요.

   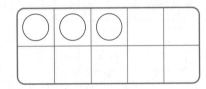

더 날아온 참새의 수만큼 ○를 그려서 덧셈을 해 봐요.

(2) 참새는 모두 몇 마리인지 덧셈식으로 알아보세요.

$$3+3=\boxed{}\text{(마리)}$$

[2~3] 그림을 보고 덧셈을 해 보세요.

2

$1+3=\boxed{}$

$3+1=\boxed{}$

수를 바꾸어 더해도 합은 같아요.

3

$4+5=\boxed{}$

$5+4=\boxed{}$

이제 너희가 병사들에게 내 말을 전달해 주렴.

지금 문밖에는 4명의 병사들이 있단다.

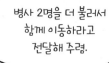

병사 2명을 더 불러서 함께 이동하라고 전달해 주렴.

그럼 모두 몇 명인 거죠?

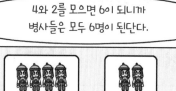

4와 2를 모으면 6이 되니까 병사들은 모두 6명이 된단다.

$$4+2=6$$

부탁한다. 얘들아!

네! 빨리 전달할게요!

방심했군. 해적들이 여기까지 오다니 ….

해적이 정말 구슬을 훔치러 온 걸까?

이곳에 숨겨 두어야겠군.

장…보…고…

근데 저 녀석, 병사들도 있고 수상한데요.

설마 장보고?

에이~. 설마~.

그…그렇죠? 장보고는 아니겠죠?

개념클릭

- **덧셈하기** (2) – 모으기를 이용하여 덧셈하기

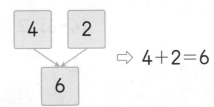

⇨ 4+2=6

4와 2를 모으면 ❶ 이므로

4+2= ❷

고리 4개와 고리 2개를 모으면 고리는 모두 6개입니다.

- **더하는 수가 1씩 커지는 덧셈하기**

4+1=5
4+2=6
4+3=7

1씩 커지면 ← ┘ └ → 1씩 커져요.

더하는 수가 1씩 커지면 합도 ❸ 씩 커집니다.

정답 | ❶ 6 ❷ 6 ❸ 1

3
단원

(1~2) 그림을 보고 고리가 모두 몇 개인지 빈칸에 알맞은 수를 써넣고 덧셈식을 써 보세요.

1
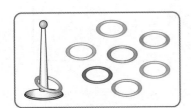

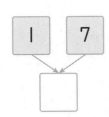

⇨ 1+7=☐

2
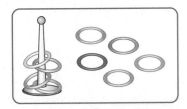

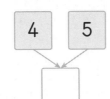

⇨ 4+☐=☐

(3~4) 덧셈을 해 보세요.

3 2+1=☐

2+2=☐

2+3=☐

4 5+1=☐

5+2=☐

5+3=☐

더하는 수가
1씩 커지면
합도 1씩 커져요.

● 덧셈하기(1)

(1~3) 그림을 보고 ◯를 그리고 덧셈식을 써 보세요.

(4~6) 그림을 보고 덧셈식을 만들어 보세요.

1

← 날아오는 참새의 수만큼 ◯를 그려요.

2+ ☐ = ☐

2

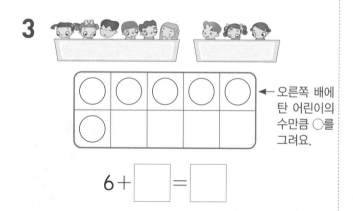

← 남자 어린이의 수만큼 ◯를 그려요.

3+ ☐ = ☐

3

← 오른쪽 배에 탄 어린이의 수만큼 ◯를 그려요.

6+ ☐ = ☐

4

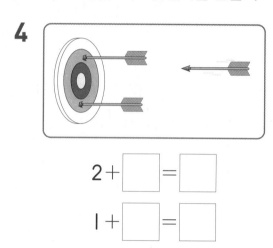

2+ ☐ = ☐

1+ ☐ = ☐

5

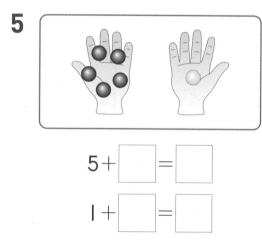

5+ ☐ = ☐

1+ ☐ = ☐

6

2+ ☐ = ☐

4+ ☐ = ☐

● 덧셈하기 (2)

(7~9) 그림을 보고 빈칸에 알맞은 수를 써넣고 덧셈식을 써 보세요.

7

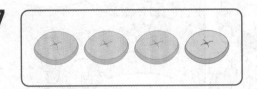

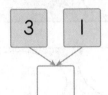

$3+1=$ ☐

8

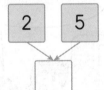

$2+$ ☐ $=$ ☐

9

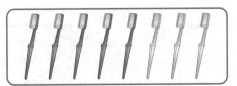

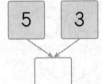

$5+$ ☐ $=$ ☐

(10~11) 빈칸에 알맞은 수를 써넣고 덧셈식을 써 보세요.

10

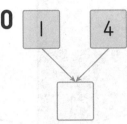

$1+4=$ ☐

11

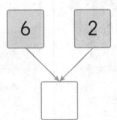

$6+$ ☐ $=$ ☐

(12~13) 덧셈을 해 보세요.

12 $3+1=$ ☐

$3+2=$ ☐

$3+3=$ ☐

13 $6+1=$ ☐

$6+2=$ ☐

$6+3=$ ☐

3
단원

$$5 - 1 = 4$$
5 빼기 1은 4와 같습니다.
5와 1의 차는 4입니다.

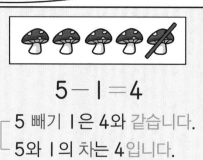

개념 클릭

- **뺄셈 알아보기**

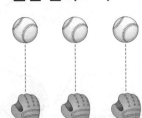 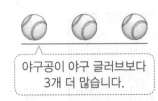

야구공이 야구 글러브보다 3개 더 많습니다.

→ 뺄셈 기호
→ '같다'를 나타내는 기호

뺄셈식: 6 − 3 = 3

6 빼기 3은 3과 같습니다.
6과 3의 차는 ❶☐ 입니다.

정답 | ❶ 3

(1~2) 그림에 알맞은 뺄셈식을 쓰고 읽어 보세요.

1

5 − 4 = ☐

5 빼기 4는 ☐ 와/과 같습니다.

하나씩 짝지어 보고 어느 것이 몇 개 더 많은지 알아보세요.

2

4 − 2 = ☐

4와 2의 차는 ☐ 입니다.

3 뺄셈식을 읽어 보세요.

6 − 4 = 2   ⇨

6 ☐ 4는 2와 같습니다.

6과 4의 ☐ 은/는 2입니다.

4 뺄셈식을 완성하고 읽어 보세요.

덜어 내고 남는 축구공의 수를 세어 보세요.

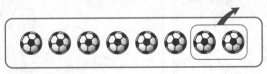   ⇨   8 − 2 = ☐

읽기

3. 덧셈과 뺄셈 **91**

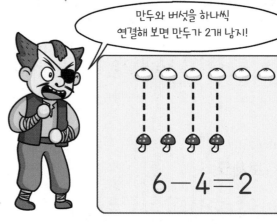

개념 클릭

• **뺄셈하기** (1) – 그림을 그려 뺄셈하기

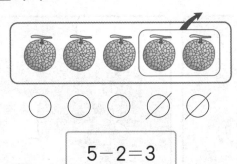

$$5-2=3$$

멜론 5개 중에서 2개를 덜어 내면

❶ □ 개가 남습니다.

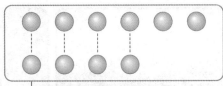

→ 구슬을 하나씩 연결해 보면 하늘색 구슬이 2개 남아요.

$$6-4=2$$

하늘색 구슬은 분홍색 구슬보다

❷ □ 개 더 많습니다.

정답 | ❶ 3 ❷ 2

1 어항에 있는 금붕어 6마리 중에서 3마리를 꺼냈습니다. 어항에 남아 있는 금붕어는 몇 마리인지 알아보세요.

(1) 어항에서 꺼낸 금붕어의 수만큼 ○를 / 으로 지워 보세요.

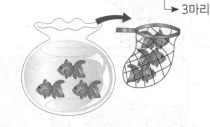

→ 3마리

어항에 남아 있는 금붕어의 수는 / 으로 지우고 남은 ○의 수와 같아요.

(2) 어항에 남아 있는 금붕어는 몇 마리일까요?

$$6-3=\boxed{}\text{(마리)}$$

[2~3] 그림을 보고 뺄셈식을 써 보세요.

2

→ 덜어 내는 배의 수

$$4-\boxed{}=\boxed{}$$

3

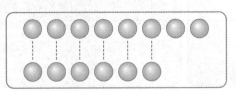

→ 분홍색 구슬의 수

$$8-\boxed{}=\boxed{}$$

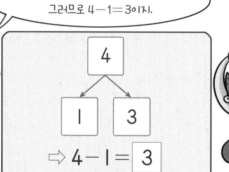

개념클릭

• **뺄셈하기** (2) – 가르기를 이용하여 뺄셈하기

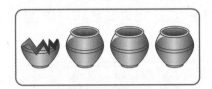

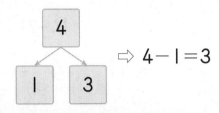

⇨ $4 - 1 = 3$

4는 1과 3으로 가를 수 있으므로 남은 항아리는 **❶** 개예요.

항아리 4개 중에서 1개가 깨져서 3개가 남았습니다.

• 빼는 수가 1씩 커지는 뺄셈하기

$$4 - 1 = 3$$
$$4 - 2 = 2$$
$$4 - 3 = 1$$

1씩 커지면 ←┘   └→ 1씩 작아져요.

빼는 수가 1씩 커지면 차는 **❷** 씩 작아집니다.

정답 | ❶ 3   ❷ 1

3
단원

(1~2) 그림을 보고 남은 과일은 몇 개인지 빈칸에 알맞은 수를 써넣고 뺄셈식을 써 보세요.

1

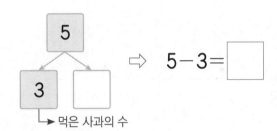

⇨ $5 - 3 = \boxed{}$

┗→ 먹은 사과의 수

2

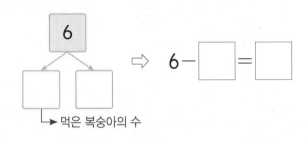

⇨ $6 - \boxed{} = \boxed{}$

┗→ 먹은 복숭아의 수

(3~4) 뺄셈을 해 보세요.

3 $5 - 1 = \boxed{}$

$5 - 2 = \boxed{}$

$5 - 3 = \boxed{}$

4 $9 - 1 = \boxed{}$

$9 - 2 = \boxed{}$

$9 - 3 = \boxed{}$

● 뺄셈하기 (1)

(1~3) 터진 풍선의 수만큼 ○를 /으로 지우고 뺄셈식을 써 보세요.

1

○ ○ ○

→ 터진 풍선의 수

3 − □ = □

2

○ ○ ○ ○ ○

5 − □ = □

3

○ ○ ○ ○ ○ ○

6 − □ = □

(4~7) 그림을 보고 뺄셈식을 만들어 보세요.

4

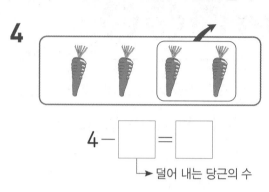

4 − □ = □

→ 덜어 내는 당근의 수

5

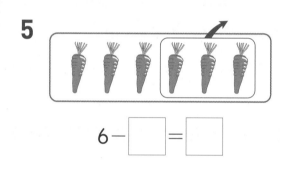

6 − □ = □

6

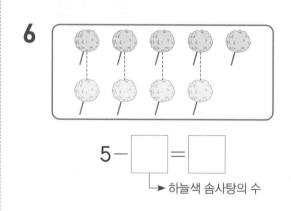

5 − □ = □

→ 하늘색 솜사탕의 수

7

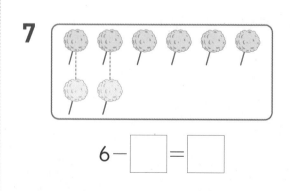

6 − □ = □

● 뺄셈하기 (2)

(8~10) 흰 바둑돌은 몇 개인지 빈칸에 알맞은 수를 써넣고 뺄셈식을 써 보세요.

8

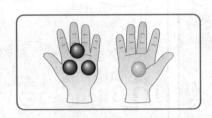

4 → 전체 바둑돌의 수

$4-3=$ ☐

3 ☐

9

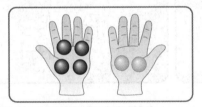

6

$6-4=$ ☐

4 ☐

10

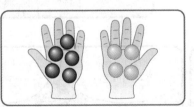

9

→ 검은 바둑돌의 수

$9-$ ☐ $=$ ☐

5 ☐

(11~12) 빈칸에 알맞은 수를 써넣고 뺄셈을 해 보세요.

11

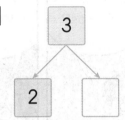

3

2 ☐

$3-2=$ ☐

12

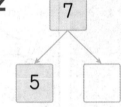

7

5 ☐

$7-5=$ ☐

(13~14) 뺄셈을 해 보세요.

13 $8-2=$ ☐

$8-3=$ ☐

$8-4=$ ☐

14 $7-1=$ ☐

$7-2=$ ☐

$7-3=$ ☐

0이 있는 덧셈과 뺄셈을 해 볼까요

7개 중에 7개를 모두 잃어버려서
아무것도 남지 않았어. 뺄셈식으로
7-7=0이라고 쓰지.

(전체)-(전체)=0

$$7 - 7 = 0$$

·(어떤 수)＋0, 0＋(어떤 수)의 덧셈

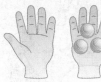

3＋0＝3

0＋3은
3＋0과 같아요.

0＋3＝❶

0＋3＝3

어떤 수에 0을 더하거나 0에 어떤 수를
더하면 항상 어떤 수가 됩니다.

·(어떤 수)－0, (전체)－(전체)의 뺄셈

4－0＝4

어떤 수에서 0을 빼면 항상 어떤 수가
됩니다.

4－4＝0

전체에서 전체를 빼면 0이 됩니다.

정답 | ❶ 3

3

단원

(1~2) 그림을 보고 ☐ 안에 알맞은 수를 써넣으세요.

1

0＋5＝ ☐

2

5－0＝ ☐

3 코끼리 열차에 3명의 어린이가 타고 있었습니다. 정류장에서 3명이
모두 내렸다면 열차에 남아 있는 어린이는 몇 명일까요?

전체에서 전체를
빼면 0이에요.

3－3＝ ☐ (명)

■－■＝0

덧셈과 뺄셈을 해 볼까요

계산한 값이 5가 되려면
3과 2를 더해야 해.

+, − 중 알맞은 것을 고르세요.

3 □ 2 = 5

⇨ 3 ＋ 2 = 5

개념 클릭

- **덧셈, 뺄셈하기**

  예 계산한 값이 4가 되는 덧셈식과 뺄셈식

   $1+3=4$ $5-1=4$
  $2+2=4$ $6-2=4$
  $4+0=4$ $7-3=4$
  $\vdots$ $\vdots$

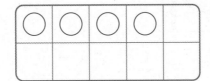

4를 이렇게 나타낼 수도 있어요.

1 덧셈을 해 보세요.

$1+4=\boxed{}$

$2+3=\boxed{}$

$5+0=\boxed{}$

2 뺄셈을 해 보세요.

$4-1=\boxed{}$

$5-2=\boxed{}$

$6-3=\boxed{}$

(3~4) 알맞은 식을 찾아 주어진 색으로 색칠해 보세요.

3 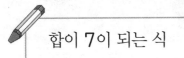 합이 7이 되는 식

$4+1$	$2+2$	$6+0$
$0+8$	$3+4$	$2+5$
$4+3$	$2+3$	$1+7$

4 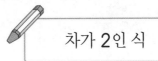 차가 2인 식

$5-2$	$3-1$	$9-5$
$8-6$	$6-3$	$4-1$
$4-0$	$5-4$	$2-0$

5 계산한 값이 6이 되는 식을 모두 찾아 ◯표 하세요.

| $3+2$ | $6-0$ | $4+3$ | $1+5$ | $7-2$ |

3 단원

단계 **2** 개념 집중 연습

● 0이 있는 덧셈과 뺄셈

(1~4) 그림을 보고 덧셈을 해 보세요.

1
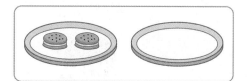

$$2+0=\boxed{}$$

2

$$0+4=\boxed{}$$

3

$$0+3=\boxed{}$$

4
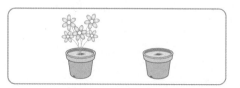

$$5+0=\boxed{}$$

(5~8) 그림을 보고 뺄셈식을 써 보세요.

5
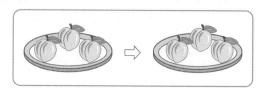

$$3-0=\boxed{}$$

6

$$6-\boxed{}=\boxed{}$$

7

$$1-1=\boxed{}$$

8
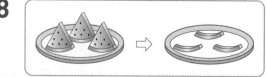

$$3-\boxed{}=\boxed{}$$

덧셈, 뺄셈하기

(9~10) 덧셈을 해 보세요.

9 1+5=☐

2+4=☐

3+3=☐

10 2+6=☐

3+5=☐

4+4=☐

(11~12) 뺄셈을 해 보세요.

11 9−8=☐

8−7=☐

7−6=☐

12 7−4=☐

6−3=☐

5−2=☐

13 합이 9가 되는 식을 모두 찾아 ○표 하세요.

6+3	4+4	1+7
0+6	2+5	
7+1	8+1	3+6
4+5	5+3	
2+4	0+9	8+0

14 차가 5인 식을 모두 찾아 △표 하세요.

7−4	8−1	6−3
7−0	5−0	
8−3	6−4	9−3
4−1	8−2	
9−2	9−4	6−1

15 계산 결과가 2가 되는 덧셈식과 뺄셈식을 1개씩 써 보세요.

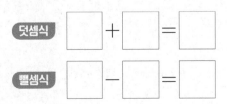

덧셈식 ☐ + ☐ = ☐

뺄셈식 ☐ − ☐ = ☐

1 모으기를 하여 빈칸에 알맞은 수를 써넣으세요.

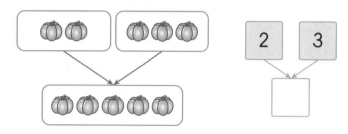

다시 확인

호박이 모두 몇 개가 되는지 세어 보세요.

2 가르기를 하여 빈칸에 알맞은 수를 써넣으세요.

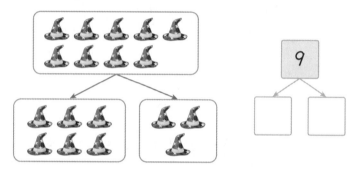

3 그림을 보고 □ 안에 알맞은 수를 써넣으세요.

왼쪽 화분에 꽃 3송이가 있고 오른쪽 화분에 꽃 ☐ 송이

가 있어서 꽃은 모두 ☐ 송이입니다.

4 그림에 알맞은 덧셈식을 쓰고 읽어 보세요.

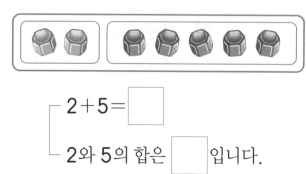

┌ 2+5=☐

└ 2와 5의 합은 ☐ 입니다.

· ●+▲=■

┌ ● 더하기 ▲는 ■와 같습니다.

└ ●와 ▲의 합은 ■입니다.

5 그림을 보고 ◯를 그리고 덧셈식을 써 보세요.

$4 + \boxed{} = \boxed{}$

다시 확인

날아오는 새의
수만큼 ◯를
그려요.

6 그림을 보고 빈칸에 알맞은 수를 써넣고 덧셈식을 써 보세요.

$1 + \boxed{} = \boxed{}$

3
단원

7 뺄셈식을 쓰고 읽어 보세요.

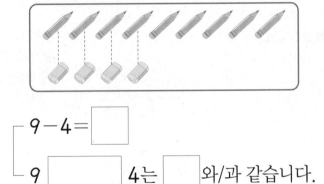

$9 - 4 = \boxed{}$

$9 \boxed{} 4$는 $\boxed{}$ 와/과 같습니다.

• ●−▲=■
┌ ● 빼기 ▲는 ■와 같습니
│ 다.
└ ●와 ▲의 차는 ■입니다.

8 그림을 보고 빈칸에 알맞은 수를 써넣고 뺄셈식을 써 보세요.

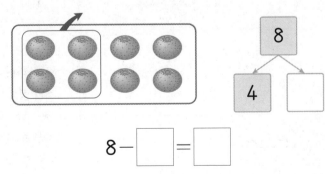

$8 - \boxed{} = \boxed{}$

9 빈칸에 알맞은 수를 써넣고 식을 써 보세요.

(1)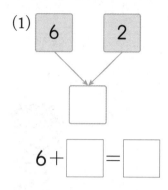

6 + ☐ = ☐

(2)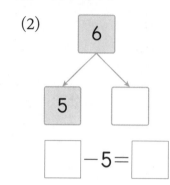

☐ − 5 = ☐

10 덧셈식을 써 보세요.

(1)

2 + 4 = ☐

(2)

☐ + 6 = ☐

도미노의 점의 개수는 모두 몇 개일까요?

11 관계있는 것끼리 선으로 이어 보세요.

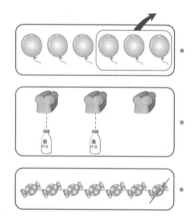

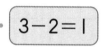

3 − 2 = 1

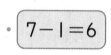

7 − 1 = 6

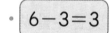

6 − 3 = 3

· 전체에서 몇 개를 빼는지, 두 물건의 차는 몇 개인지 그림에 알맞은 뺄셈식을 찾아봅니다.

12 뺄셈을 해 보세요.

(1) 9 − 9 = ☐   (2) 7 − 0 = ☐

· 어떤 수에서 그 수 전체를 빼면 항상 0이 됩니다.

　★ − ★ = 0　예 3 − 3 = 0

· 어떤 수에서 0을 빼면 항상 어떤 수입니다.

　★ − 0 = ★　예 4 − 0 = 4

13 그림을 보고 뺄셈식을 써 보세요.

(1)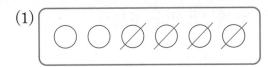

$6 - \boxed{} = \boxed{}$

(2)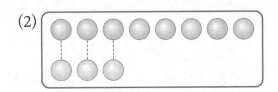

$8 - \boxed{} = \boxed{}$

다시 확인

• (1) ○의 수에서 /으로 지운 것만큼 빼고 남은 ○의 수를 구합니다.

• (2) 하나씩 연결해 보고 남은 주황색 구슬의 수를 구합니다.

14 □ 안에 ＋와 － 중 알맞은 것을 써넣으세요.

(1) $0 \boxed{} 6 = 6$

(2) $5 \boxed{} 5 = 0$

0에 어떤 수를 더하면 어떤 수가 되고, 전체에서 전체를 빼면 0이 된단다!

15 계산을 하고 계산 결과가 같은 것끼리 선으로 이어 보세요.

$7 - 3 = \boxed{}$ •

$5 - 0 = \boxed{}$ •

$9 - 1 = \boxed{}$ •

• $5 + 0 = \boxed{}$

• $1 + 7 = \boxed{}$

• $0 + 4 = \boxed{}$

3. 덧셈과 뺄셈 **107**

1 빈칸에 알맞은 수만큼 ◯를 그려 보세요.

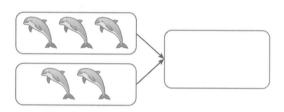

2 그림을 보고 빈칸에 알맞은 수를 써넣으세요.

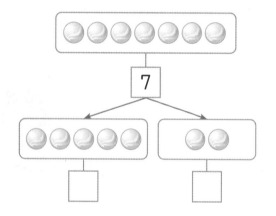

3 두 수를 모아서 빈칸에 알맞은 수를 써넣으세요.

5	3

4 뺄셈식을 읽어 보세요.

$$5-2=3$$

5 [ ] 2는 3과 같습니다.

5와 2의 [ ] 은/는 3입니다.

5 참외의 수만큼 ◯를 그리고 과일은 모두 몇 개인지 덧셈을 해 보세요.

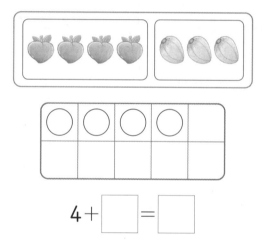

4+[ ]=[ ]

6 덧셈식을 쓰고, 읽어 보세요.

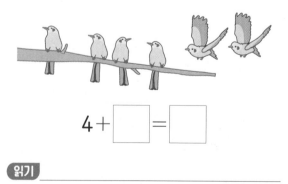

4+[ ]=[ ]

읽기 _____

7 빈칸에 알맞은 수를 써넣고 덧셈식을 써 보세요.

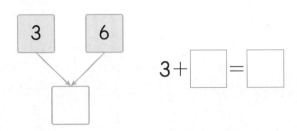

$3 + \boxed{} = \boxed{}$

8 빈칸에 알맞은 수를 써넣고 뺄셈식을 써 보세요.

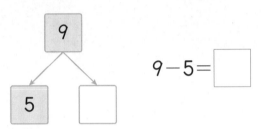

$9 - 5 = \boxed{}$

9 그림을 보고 □ 안에 알맞은 수를 써넣으세요.

물 속에 펭귄이 6마리 있었는데

□ 마리가 나가서 □ 마리가

남았습니다.

10 다음을 뺄셈식으로 나타내 보세요.

8 빼기 6은 2와 같습니다.

$\boxed{} - \boxed{} = \boxed{}$

(11~12) 그림을 보고 □ 안에 알맞은 수를 써넣으세요.

11

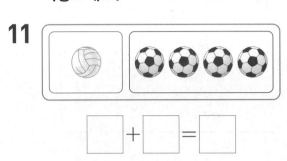

$\boxed{} + \boxed{} = \boxed{}$

12

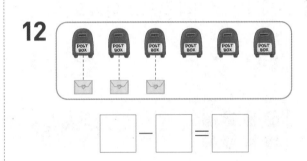

$\boxed{} - \boxed{} = \boxed{}$

13 빈칸에 알맞은 수를 써넣으세요.

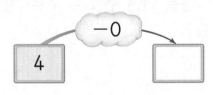

3

단원

14 그림을 보고 구슬은 모두 몇 개인지 덧셈을 해 보세요.

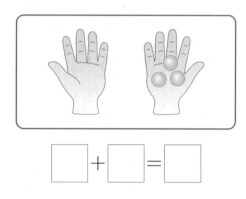

$$\boxed{} + \boxed{} = \boxed{}$$

15 관계있는 것끼리 선으로 이어 보세요.

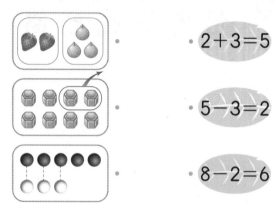

· 2+3=5

· 5-3=2

· 8-2=6

16 다음은 어떤 수를 두 수로 가른 것일까요?

| 1, 5 | 4, 2 | 3, 3 |

( )

(17~18) ☐ 안에 +와 - 중 알맞은 것을 써 넣으세요.

17 0 ☐ 4=4

18 9 ☐ 9=0

19 영주는 사탕 9개를 가지고 있었는데 그중 2개를 동생에게 주었습니다. 남은 사탕은 몇 개일까요?

( )

20 검은 바둑돌이 흰 바둑돌보다 몇 개 더 많은지 뺄셈식으로 알아보세요.

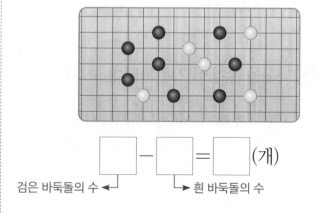

$$\boxed{} - \boxed{} = \boxed{} \text{(개)}$$

검은 바둑돌의 수 ◄──   ──► 흰 바둑돌의 수

스스로 학습장

전구 속 문제를 풀어보며 덧셈과 뺄셈을 정리해 보세요.

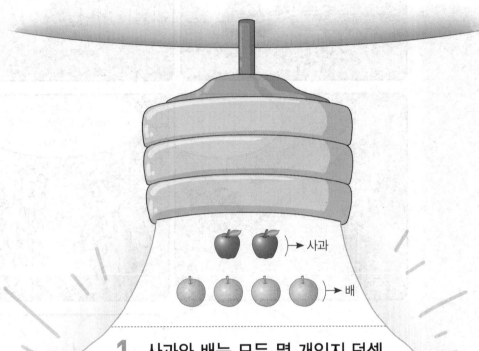

→ 사과

→ 배

1 사과와 배는 모두 몇 개인지 덧셈
식을 만들어 보세요.

덧셈식 _____

2 **1**에서 만든 덧셈식을 읽어 보세요.

읽기 _____

3 배가 사과보다 몇 개 더 많은지 뺄셈식을 만들어 보세요.

뺄셈식 _____

4 **3**에서 만든 뺄셈식을 읽어 보세요.

읽기 _____

3

단원

4 비교하기

QR 코드를 찍어 개념 동영상 강의를 보세요. 게임도 하고 문제도 풀 수 있어요.

 이번에 배울 내용

- 길이 비교하기
- 높이, 키 비교하기
- 무게 비교하기
- 넓이 비교하기
- 담을 수 있는 양 비교하기

청해진

이쪽으로 가자.

잠깐!

여기 병사들이 많다. 저쪽으로 가자.

소근 소근

두목님, 저쪽에도 병사들이 많아서 여기로 왔잖아요.

이럴 땐 방법이 있지.

어떤 방법이요?

제비뽑기!

자, 하나씩 뽑아봐.

둘 중에 하나를 뽑으라고요?

개념 클릭

• 길이 비교하기

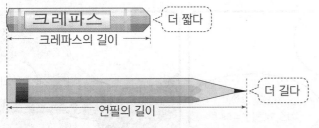

크레파스의 길이 — 더 짧다

연필의 길이 — 더 길다

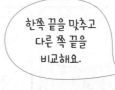
한쪽 끝을 맞추고 다른 쪽 끝을 비교해요.

크레파스는 연필보다 더 짧습니다.

❶ [　　　] 은/는 크레파스보다 더 깁니다.

정답 | ❶ 연필

1 두 물건의 길이를 비교하려고 합니다. 알맞은 말에 ◯표 하세요.

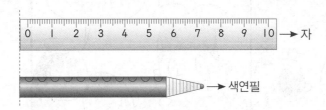

→ 자

→ 색연필

(1) 자는 색연필보다 더 (깁니다 , 짧습니다).

(2) 색연필은 자보다 더 (깁니다 , 짧습니다).

(2~3) 더 긴 것에 ◯표 하세요.

2
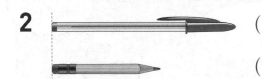
(　　　)

(　　　)

3
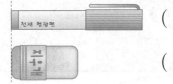
(　　　)

(　　　)

4 가장 긴 것에 ◯표, 가장 짧은 것에 △표 하세요.

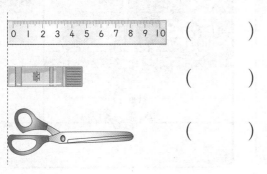
(　　　)

(　　　)

(　　　)

왼쪽 끝이 맞추어져 있을 때 오른쪽이 가장 많이 남는 것이 가장 길어요.

어느 것이 더 높을까요

개념 클릭

- 높이 비교하기

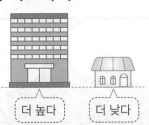

더 높다   더 낮다

- 키 비교하기

더 크다   더 작다

높이와 키는 아래쪽이 맞추어져 있으면 위쪽을 비교해요.

4 단원

높이를 비교할 때에는 '높다', ' ❶ ⬚ '로 나타냅니다.

키를 비교할 때에는 '크다', ' ❷ ⬚ '로 나타냅니다.

정답 | ❶ 낮다 ❷ 작다

(1~2) 더 높은 것에 ◯표 하세요.

1

(   ) (   )

2

(   ) (   )

3 키가 더 큰 사람은 누구일까요?

선호   별아   (   )

'키가 더 높다'라고 하지 않아요!
┌ 아버지는 나보다 키가 더 큽니다. (◯)
└ 아버지는 나보다 키가 더 높습니다. (✕)

4 운동장에 있는 철봉, 시소, 국기 게양대 중에서 높이가 가장 높은 것은 무엇일까요?

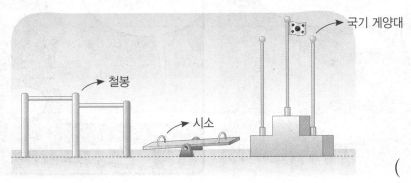

국기 게양대

철봉

시소

(   )

어느 것이 더 무거울까요

개념클릭

• 무게 비교하기

더 가볍다

더 무겁다

참외는 수박보다 더 가볍습니다.

수박은 **❶** [   ] 보다 더 무겁습니다.

참외와 수박을 직접 들어 보고 무게를 비교할 수 있어요.

정답 | ❶ 참외

---

1 두 물건의 무게를 비교하려고 합니다. 알맞은 말에 ◯표 하세요.

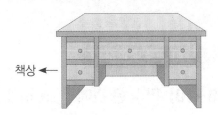
책상 ◀   ▶ 의자

손으로 들어 보았을 때 힘이 더 드는 쪽이 더 무거워요.

(1) 책상은 의자보다 더 (무겁습니다 , 가볍습니다).

(2) 의자는 책상보다 더 (무겁습니다 , 가볍습니다).

(2~3) 더 무거운 것에 ◯표 하세요.

2

(　　)　　(　　)

3

(　　)　　(　　)

(4~5) 더 가벼운 것에 △표 하세요.

4

(　　)　　(　　)

5

(　　)　　(　　)

단계 2 개념 집중 연습

길이 비교하기

(1~5) 더 긴 것에 ◯표 하세요.

1

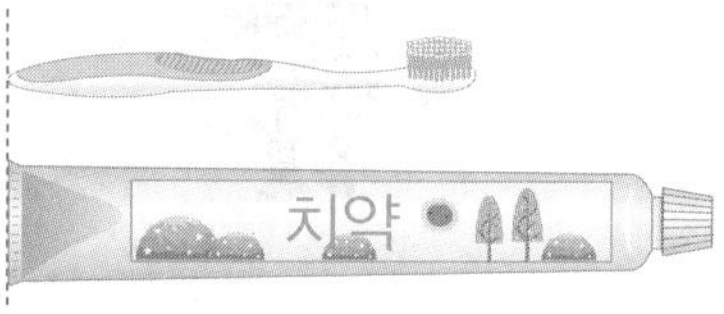

(　　)
(　　)

2

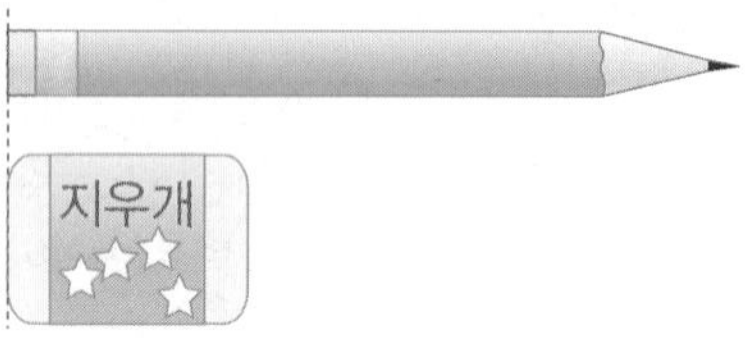

(　　)
(　　)

3

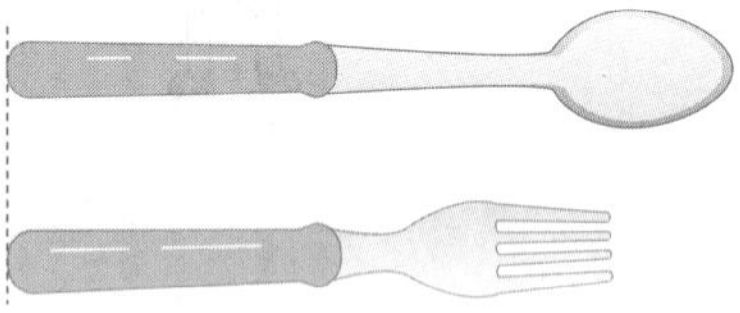

(　　)
(　　)

4

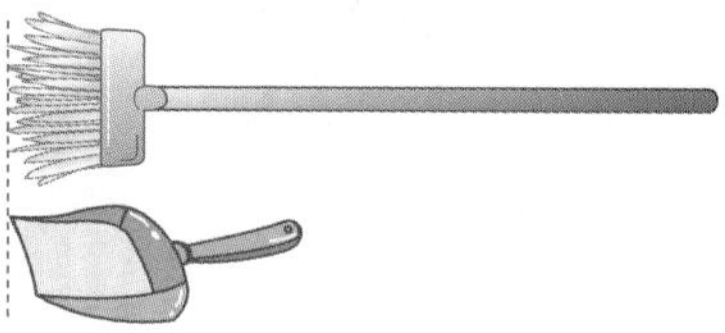

(　　)
(　　)

5

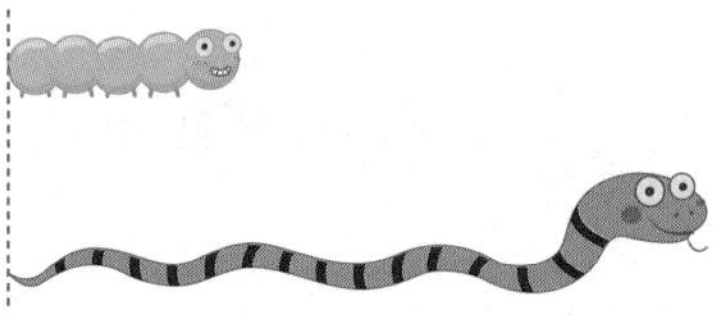

(　　)
(　　)

(6~7) 더 짧은 것에 △표 하세요.

6

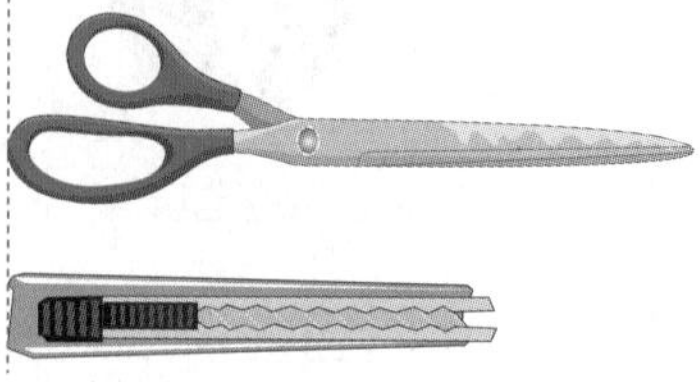

(　　)
(　　)

7

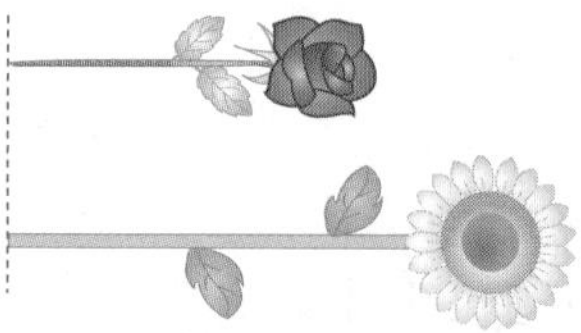

(　　)
(　　)

높이, 키 비교하기

(8~10) 더 높은 것에 ◯표 하세요.

8

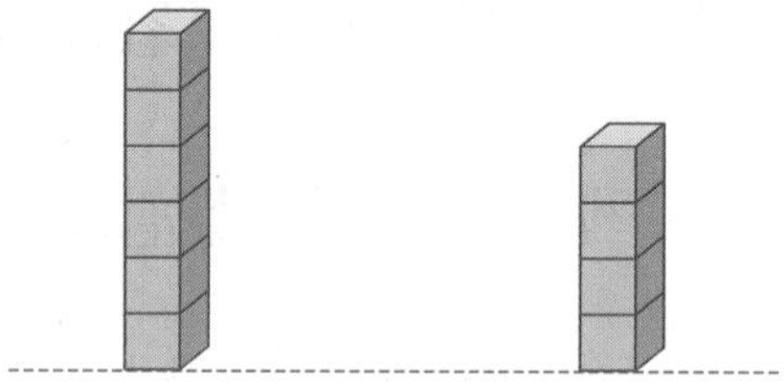

(　　) (　　)

9

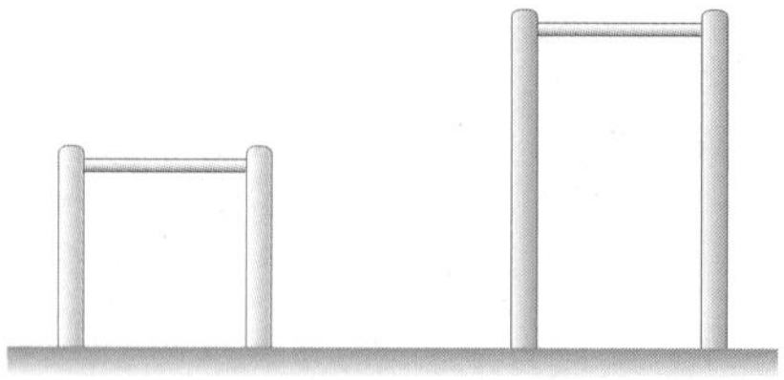

(　　) (　　)

10

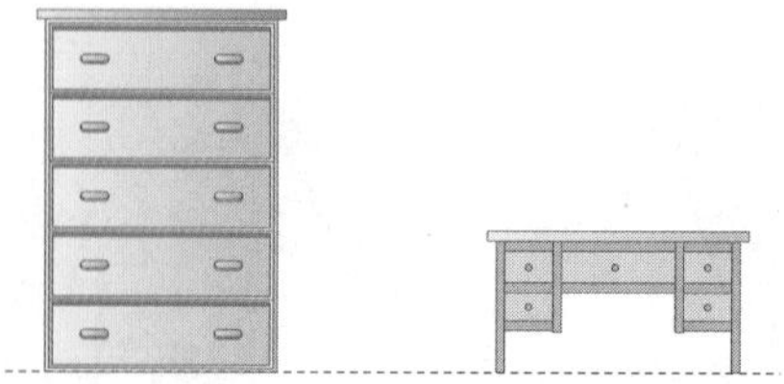

(　　) (　　)

(11~12) 키가 더 작은 것에 △표 하세요.

11

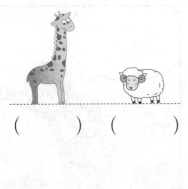

(   ) (   )

12

다은   지효

(   ) (   )

무게 비교하기

(13~17) 더 무거운 것에 ○표 하세요.

13

(   ) (   )

14

(   ) (   )

15

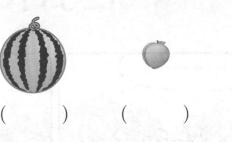

(   ) (   )

16

(   ) (   )

17

(   ) (   )

(18~19) 무거운 것부터 순서대로 1, 2, 3 을 써 보세요.

18

(   ) (   ) (   )

19

선풍기   부채   에어컨

(   ) (   ) (   )

어느 것이 더 넓을까요

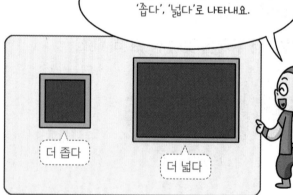

넓이를 비교할 때에는 '좁다', '넓다'로 나타내요.

더 좁다   더 넓다

개념 클릭

· 넓이 비교하기

더 좁다   더 넓다

두 물건을 겹쳐 맞대어 보면 넓이를 비교하기 쉬워요.

수학책이 스케치북보다 더 좁습니다.

스케치북이 ❶ [　　　　]보다 더 넓습니다.

정답 | ❶ 수학책

1 두 물건의 넓이를 비교하려고 합니다. 알맞은 말에 ◯표 하세요.

신문과 공책을 한쪽 끝을 맞추어 겹쳐서 비교해요.

(1) 신문은 공책보다 더 (넓습니다 , 좁습니다).

(2) 공책은 신문보다 더 (넓습니다 , 좁습니다).

(2~3) 더 넓은 것에 ◯표 하세요.

2

(　　　)　　(　　　)

3

색종이

(　　　)　　(　　　)

(4~5) 더 좁은 것에 △표 하세요.

4

(　　　)　　(　　　)

5
 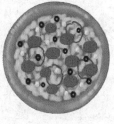

(　　　)　　(　　　)

어느 것에 더 많이 담을 수 있을까요

• 담을 수 있는 양 비교하기

→ 종이컵   → 물통

더 적다   더 많다

물통과 종이컵에 직접 물을 담아서 비교해 봐도 돼요.

종이컵은 물통보다 담을 수 있는 양이 더 적습니다.

❶ [   ] 은 ❷ [   ] 보다 담을 수 있는 양이 더 많습니다.

정답 | ❶ 물통 ❷ 종이컵

4 단원

1 두 그릇에 담긴 물의 양을 비교하려고 합니다. 알맞은 말에 ◯표 하세요.

가   나

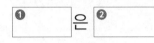

(1) 담긴 물의 양은 가 그릇이 나 그릇보다 더 (많습니다 , 적습니다).

(2) 담긴 물의 양은 나 그릇이 가 그릇보다 더 (많습니다 , 적습니다).

(2~3) 더 많이 담을 수 있는 것에 ◯표 하세요.

한쪽에 물을 가득 담아 다른 쪽에 부어 보며 담을 수 있는 양을 비교할 수 있어요.

2

(   ) (   )

3

(   ) (   )

4 담을 수 있는 양이 가장 많은 것에 ◯표, 가장 적은 것에 △표 하세요.

(   )   (   )   (   )

넓이 비교하기

(1~5) 더 넓은 것에 ◯표 하세요.

1

( ) ( )

2

( ) ( )

3

( ) ( )

4

( ) ( )

5

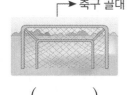 

( ) ( )

(6~10) 더 좁은 것에 △표 하세요.

6

( ) ( )

7

( ) ( )

8

 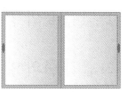

( ) ( )

9

( ) ( )

10

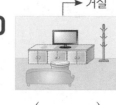 

( ) ( )

● 담을 수 있는 양 비교하기

[11~12] 더 많이 담을 수 있는 것에 ◯표 하세요.

11

(   )   (   )

12

(   )   (   )

[13~15] 담긴 물의 양이 더 많은 것에 ◯표 하세요.

13

(   )   (   )

14

(   )   (   )

15

(   )   (   )

[16~20] 담을 수 있는 양이 가장 많은 것에 ◯표, 가장 적은 것에 △표 하세요.

16

(   )   (   )   (   )

17

(   )   (   )   (   )

18

(   )   (   )   (   )

19

(   )   (   )   (   )

20

(   )   (   )   (   )

4
단원

1 더 긴 것에 ◯표 하세요.

(   )

(   )

2 더 높은 것에 ◯표 하세요.

(1)   (2)

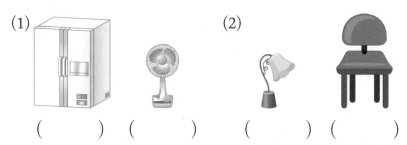

(   ) (   )   (   ) (   )

3 더 무거운 것에 ◯표 하세요.

(1)   (2)

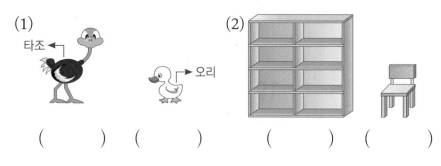

타조 ←   → 오리

(   ) (   )   (   ) (   )

4 더 짧은 것에 △표 하세요.

(1)   (2)

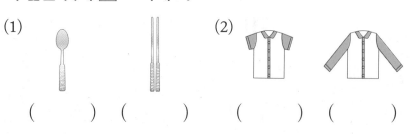

(   ) (   )   (   ) (   )

티셔츠의 팔 길이를 비교해 봐요.

월   일

5 더 가벼운 것에 △표 하세요.

다시 확인

(1)
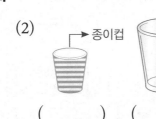
→ 색종이   공책
학년 반 이름:

(   )   (   )

(2)
→ 종이컵   → 유리컵

(   )   (   )

4 단원

6 더 넓은 것에 ○표 하세요.

(1)

(   )   (   )

(2)

(   )   (   )

7 담을 수 있는 양이 더 적은 것에 △표 하세요.

• 그릇의 크기가 작을수록 담을 수 있는 양이 적습니다.

(1)

(   )   (   )

(2)

(   )   (   )

8 가장 긴 것에 ○표, 가장 짧은 것에 △표 하세요.

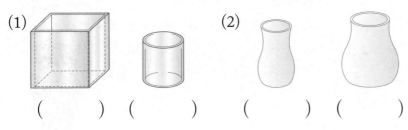

→ 필통

(   )   (   )   (   )

아래쪽이 맞추어져 있으므로 위쪽을 비교해요.

9 가장 무거운 것에 ○표, 가장 가벼운 것에 △표 하세요.

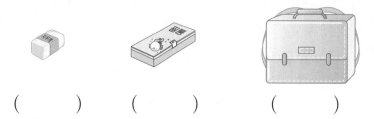

( ) ( ) ( )

다시 확인

10 가장 넓은 것에 ○표, 가장 좁은 것에 △표 하세요.

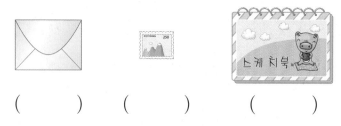

( ) ( ) ( )

• 넓이를 비교할 때에는 물건을 겹쳐 맞대어 본 후 더 많이 남는 물건이 어느 것인지 살펴봅니다.

11 담을 수 있는 양이 가장 많은 것에 ○표, 가장 적은 것에 △표 하세요.

( ) ( ) ( )

그릇의 크기가 클수록 담을 수 있는 양이 많아요.

12 안경보다 더 긴 것에 ○표 하세요.

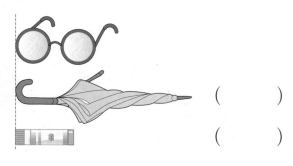

( )

( )

13 장미보다 더 긴 꽃에 모두 ◯표 하세요.

다시 확인

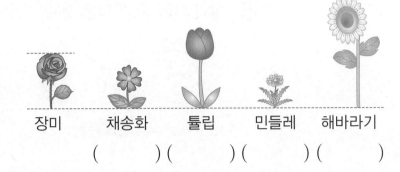

장미   채송화   튤립   민들레   해바라기

(   ) (   ) (   ) (   )

14 담긴 물의 양이 많은 것부터 순서대로 1, 2, 3을 써 보세요.

(   )   (   )   (   )

• 그릇의 모양과 크기가 같을 때에는 담긴 물의 높이가 높을수록 담긴 물의 양이 많습니다.

15 (   ) 안에 알맞은 장소를 써넣으세요.

> 우리 학교 교무실보다 더 넓은 곳은
> (   )입니다.

• 학교에서 생활하면서 교무실보다 더 넓은 곳이 어디인지 생각해 봅니다.

16 가장 가벼운 사람을 찾아 ◯표 하세요.

(   )   (   )   (   )

시소는 무거운 쪽으로 기울어집니다.

1 더 긴 것에 ◯표 하세요.

( )

( )

2 더 높은 것에 ◯표 하세요.

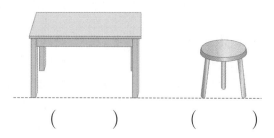

( ) ( )

(3~4) 그림을 보고 알맞은 말에 ◯표 하세요.

3

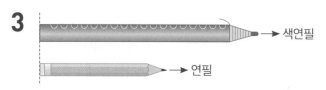

→ 색연필

→ 연필

연필은 색연필보다 더
(깁니다 , 짧습니다).

4

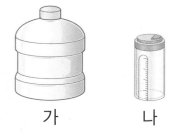

가 나

가 물통이 나 물통보다 담을 수 있는
양이 더 (많습니다 , 적습니다).

5 팔과 다리 중 더 짧은 것에 △표 하세요.

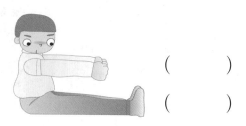

( )

( )

6 더 좁은 것에 색칠해 보세요.

7 관계있는 것끼리 선으로 이어 보세요.

· · 더 가볍다

· · 더 무겁다

8 키가 더 작은 사람의 이름을 써 보세요.

현성   지헌

(   )

9 우유를 가장 많이 담을 수 있는 것에 ○표 하세요.

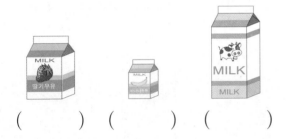

(   ) (   ) (   )

10 가장 가벼운 과일의 이름을 써 보세요.

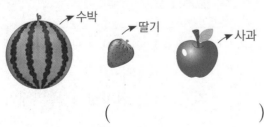

수박   딸기   사과

(   )

11 가장 무거운 것에 ○표, 가장 가벼운 것에 △표 하세요.

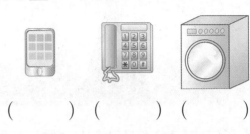

(   ) (   ) (   )

12 가장 긴 것에 ○표, 가장 짧은 것에 △표 하세요.

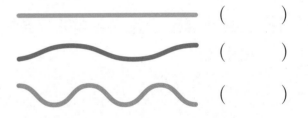

(   )

(   )

(   )

13 가장 넓은 것에 ○표, 가장 좁은 것에 △표 하세요.

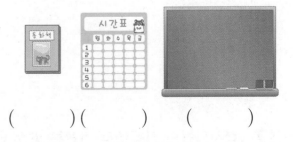

(   ) (   ) (   )

4. 비교하기 **133**

(14~17) 그림을 보고 물음에 답하세요.

14 ㉮보다 높은 산을 모두 찾아 기호를 써 보세요.

( )

15 ㉰보다 낮은 산을 모두 찾아 기호를 써 보세요.

( )

16 가장 낮은 산을 찾아 기호를 써 보세요.

( )

17 높은 산부터 차례대로 기호를 써 보세요.

( )

18 담긴 물의 양이 많은 것부터 순서대로 1, 2, 3을 써 보세요.

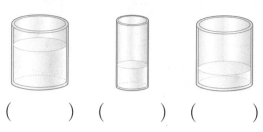

( ) ( ) ( )

19 가장 넓은 곳에 파란색, 가장 좁은 곳에 노란색을 칠해 보세요.

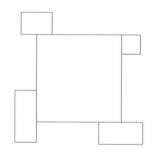

20 대화를 읽고 준희, 현아, 지호 중에서 몸무게가 가장 가벼운 사람의 이름을 써 보세요.

준희: 나는 현아보다 몸무게가 더 무거워.

지호: 나는 현아보다 몸무게가 더 가벼운 걸.

( )

스스로 학습장

○, × 퀴즈를 통해 비교하기를 정리해 보려고 합니다. ☐ 안에 설명이 맞으면 ○표, 틀리면 ×표 하세요.

길이 비교하기

1

길이를 비교할 때에는 '크다', '짧다'로 나타냅니다.

연필은 자보다 더 깁니다.

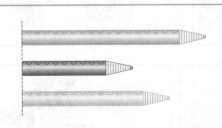

빨간색 색연필이 가장 짧습니다.

담을 수 있는 양 비교하기

2

담을 수 있는 양을 비교할 때에는 '많다', '적다'로 나타냅니다.

주전자는 컵보다 담을 수 있는 양이 더 적습니다.

욕조는 세면대보다 담을 수 있는 양이 더 많습니다.

5

50까지의 수

QR 코드를 찍어 개념 동영상 강의를 보세요. 게임도 하고 문제도 풀 수 있어요.

이번에 배울 내용

- 10 알아보기
- 십몇 알아보기
- 십몇 모으기, 가르기
- 몇십, 몇십몇 알아보기
- 50까지 수의 순서
- 두 수의 크기 비교하기

두목은 이제 날 잊은 걸까…?

혁, 병사다!

이대로 돌아다니는 건 위험해.

오~ 그래. 저거야!

헤헤헤~ 감쪽같군.

변장 완료

너 거기서 뭐해! 모이라는 명령 못 들었어?

나? 나 말이야?

꾸물거리지 말고 빨리 따라와!

아… 알았어.

다들 모였나?
왼쪽부터 번호 시작!

1
2
3

8
9
....

어이, 거기 마지막 병사.
다시 한 번 외쳐봐!

9보다 1만큼 더 큰 수가 뭐야?

아....
그게 뭐더라.

병사! 자네 설마
수를 모르는 건가?

아...
그게....

9보다 1만큼 더 큰 수는
10이다!

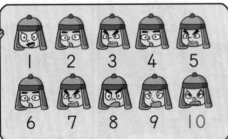

1 2 3 4 5
6 7 8 9 10

알겠나, 병사!

네!!

자, 10명은
장군님이 계신
곳으로 가라!

척
척
척

꾸물거리지
말고 빨리 와!

근데 무슨 일이야?

청해진에
해적들이
나타났대.

아... 해
해적이...?!

5. 50까지의 수 **137**

10을 알아볼까요

장군님! 병사들을 데려왔습니다.

수고했네. 모두 몇 명인가?

모두 10명 입니다.

응? 9명인 거 같은데….

엥? 10명이었는데….

자네 10을 제대로 알고 있는 건가?

그… 그럼요!

9보다 1만큼 더 큰 수는 10입니다. 10은 십 또는 열이라고 읽습니다.

10 **읽기** 십, 열

도망친 1명은 제가 잡아 오겠습니다.

그럴 시간이 없네. 우리는 해적을 잡아야 하네.

저기 2명의 해적이 보이는가?

네, 지금 잡을까요?

잠깐! 해적은 총 3명이니 한 명이 더 나타나면 한 번에 잡는다.

네, 장군.

헉! 저분이 장보고 장군이었다니….

두목과 갑돌이가 위험해!

빨리 이 사실을 알려야겠어.

개념 클릭

• 10 알아보기

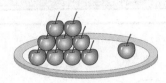

10 **읽기** 십, 열

9보다 ^❶ 만큼 더 큰 수는 10입니다.

정답 | ❶ 1

---

1 그림을 보고 ☐ 안에 알맞은 수를 써넣으세요.

9보다 1만큼 더 큰 수는 ☐ 입니다.

2 레몬은 모두 몇 개일까요?

(   )

(3~5) 그림을 보고 빈칸에 알맞은 수를 써넣으세요.

3

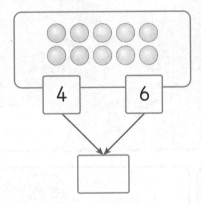

4

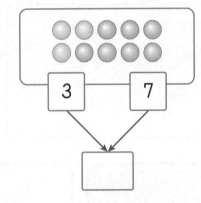

5

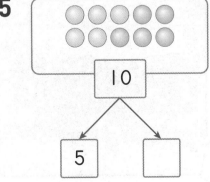

10을 여러 가지 방법으로 가를 수 있어요.

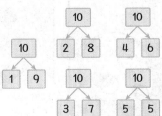

저~기가 청해진이지?

네, 두목.

그동안 우리가 장보고 때문에 얼마나 힘들었냐!

새로운 해적 등장!

청해진으로 가서 장보고에게 복수하자!

예! 두목!

그래! 배에 있는 해적은 모두 몇 명이지?

음….

배 아래쪽에 10명이 있고 배 위쪽에 4명이 있으니까…. 모르겠는데요?

모두 14명이잖아! 14 몰라?

14요?

10개씩 묶음 1개와 낱개 4개를 14라고 하지. 14는 십사 또는 열넷이라고 읽어.

| 4 **읽기** 십사, 열넷

10개씩 묶음: 1개
낱개: 4개 ⇨ 14

그런데, 자고 있는 이 녀석은 누구야?

제가 깨우겠습니다.

야! 너 누군데 여기서 자는 거야!

하암~ 뭐야! 나 두목인데?

부시시

으악! 죄송합니다. 매일 헷갈려요. 두목이 쌍둥이라….

내가 진짜 두목이야.

내가 진짜야.

그만 싸우시고 두 분 다 조용히 하세요.

개념 클릭

• 십몇 알아보기

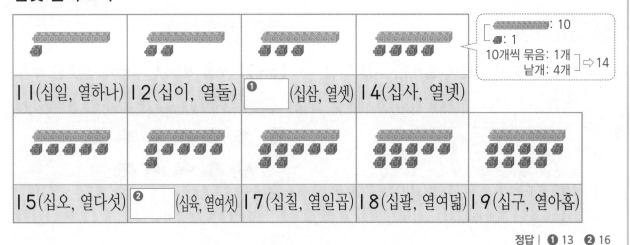

정답 | ❶ 13 ❷ 16

[1~2] ㅣ0개씩 묶고 ☐ 안에 알맞은 수를 써넣으세요.

1

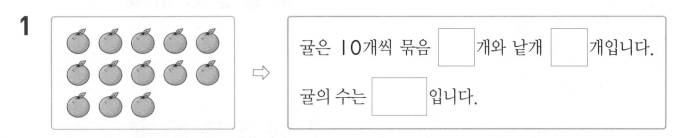

귤은 ㅣ0개씩 묶음 ☐ 개와 낱개 ☐ 개입니다.

귤의 수는 ☐ 입니다.

2

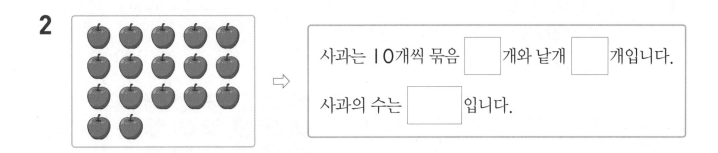

사과는 ㅣ0개씩 묶음 ☐ 개와 낱개 ☐ 개입니다.

사과의 수는 ☐ 입니다.

[3~4] 수를 바르게 읽은 것에 모두 ◯표 하세요.

3 | ㅣ2 |

(십일 , 십이 , 열둘)

4 | ㅣ6 |

(열여섯 , 열육 , 십육)

단계 2 개념 집중 연습

(1~4) 그림을 보고 빈칸에 알맞은 수를 써넣으세요.

1

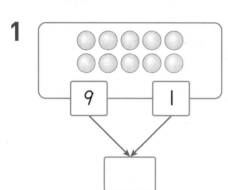

2

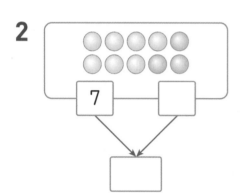

3

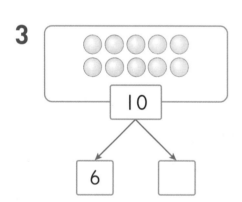

4

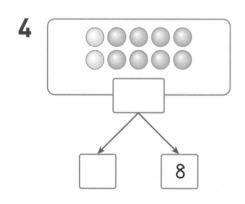

(5~9) 수를 세어 ☐ 안에 알맞은 수를 써넣으세요.

5

6

7

8

9

(10~14) ☐ 안에 알맞은 수를 써넣으세요.

10 10개씩 묶음 1개와 낱개 1개는

☐ 입니다.

11 10개씩 묶음 1개와 낱개 2개는

☐ 입니다.

12 10개씩 묶음 1개와 낱개 6개는

☐ 입니다.

13 13은 10개씩 묶음 ☐ 개와 낱개

☐ 개입니다.

14 19는 10개씩 묶음 ☐ 개와 낱개

☐ 개입니다.

(15~17) 수로 써 보세요.

15 십사   (   )

16 열셋   (   )

17 열다섯   (   )

(18~20) 수를 두 가지로 읽어 보세요.

18

12

읽기 _____ , _____

19

17

읽기 _____ , _____

20

18

읽기 _____ , _____

5

단원

개념 클릭

• 두 수를 모으기

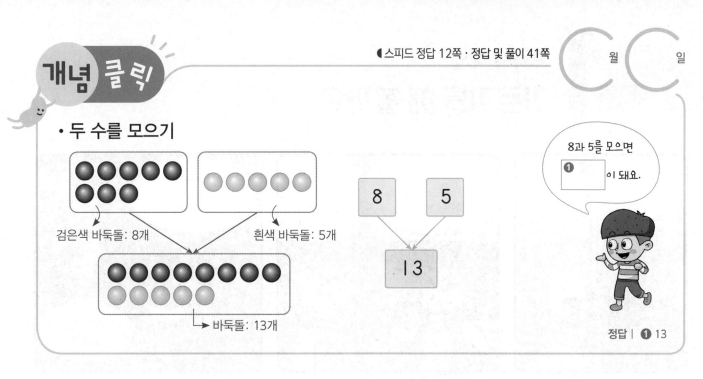

검은색 바둑돌: 8개　　흰색 바둑돌: 5개

바둑돌: 13개

8과 5를 모으면
❶　　　이 돼요.

정답 | ❶ 13

(1~2) 초록색 구슬과 주황색 구슬을 모아 빈칸에 ◯를 그려 보세요.

1

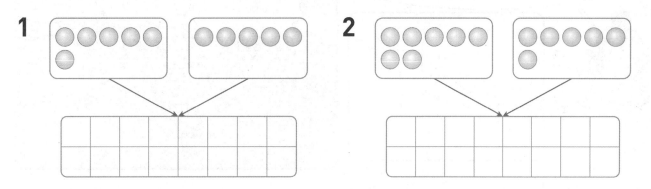

2

3 그림을 보고 빈칸에 알맞은 수를 써넣으세요.

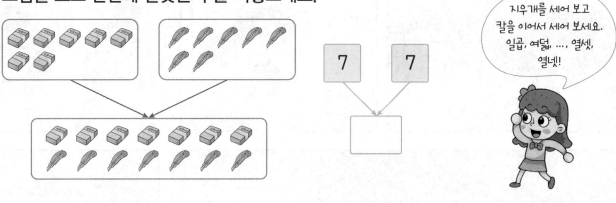

7　7

지우개를 세어 보고
칼을 이어서 세어 보세요.
일곱, 여덟, …, 열셋,
열넷!

(4~5) 모으기를 하여 빈칸에 알맞은 수를 써넣으세요.

4

3　8

5

6　9

가르기를 해 볼까요

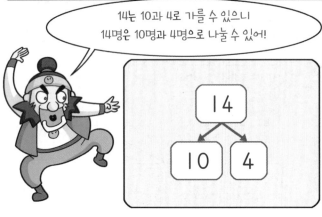

개념 클릭

• 두 수로 가르기

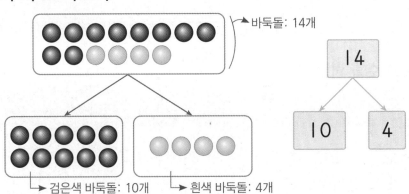

바둑돌: 14개

검은색 바둑돌: 10개   흰색 바둑돌: 4개

바둑돌 14개는 10개와 ❶ 개로 가를 수 있어요.

정답 | ❶ 4

5
단원

(1~2) 빈칸에 주황색 구슬의 수만큼 ◯를 그려 보세요.

1

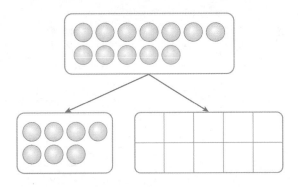

2

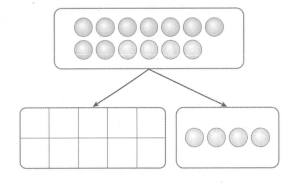

3 그림을 보고 빈칸에 알맞은 수를 써넣으세요.

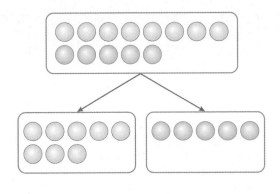

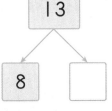

13

8

하늘색 구슬과 분홍색 구슬의 수로 가르기 해 봐요.

(4~5) 가르기를 하여 빈칸에 알맞은 수를 써넣으세요.

4

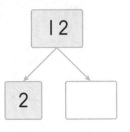

12

2

5

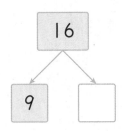

16

9

● 두 수를 모으기

(1~4) 그림을 보고 빈칸에 알맞은 수를 써넣으세요.

1

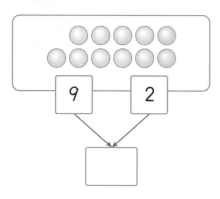

2

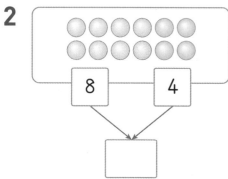

3

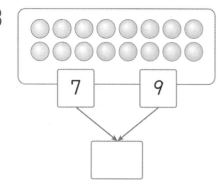

4

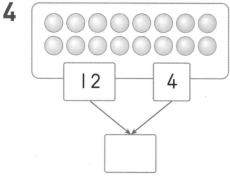

(5~8) 모으기를 하여 빈칸에 알맞은 수를 써넣으세요.

5

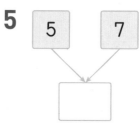

6

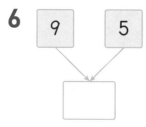

7

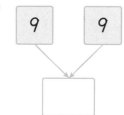

8

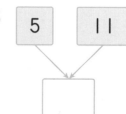

두 수로 가르기

(9~12) 그림을 보고 빈칸에 알맞은 수를 써 넣으세요.

9

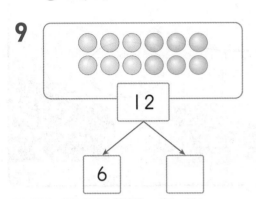

10

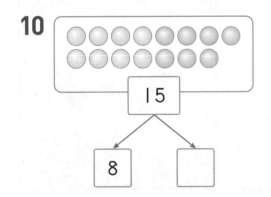

11

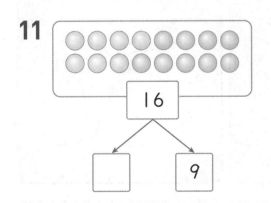

12

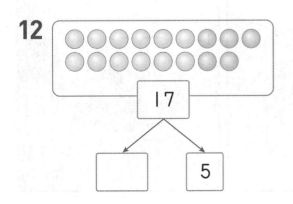

(13~16) 가르기를 하여 빈칸에 알맞은 수를 써넣으세요.

13

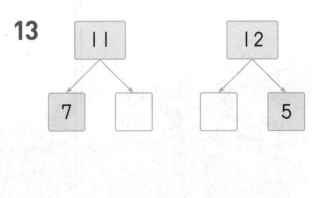

14

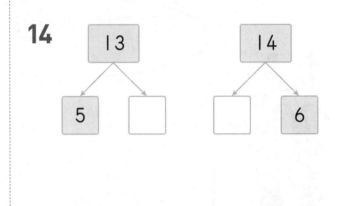

15

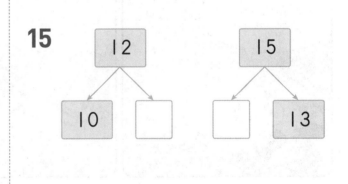

16

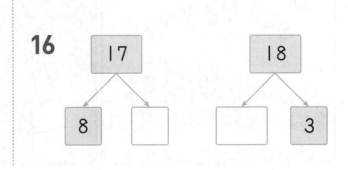

10개씩 묶어 세어 볼까요

10개씩 묶음 2개를 20이라고 해.
우리 지금 20명에게 둘러싸여
있는 거지.

→ 10개씩 묶음 2개

20 읽기 이십, 스물

• 몇십 알아보기

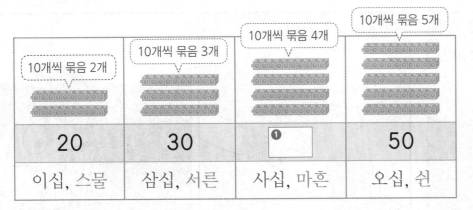

10개씩 묶음 3개는
❷   이에요.

정답 | ❶ 40 ❷ 30

5
단원

1 10개씩 묶음 3개는 얼마일까요?

(   )

20은 '이십' 또는
'스물'이라고 읽어요.
'이영'이라고 읽으면
안 돼요.

2 50은 10개씩 묶음이 몇 개일까요?

(   )

[3~4] 수를 세어 ☐ 안에 알맞은 수를 써넣고 알맞은 말에 ◯표 하세요.

3

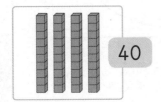

30   40

⇨ 파란색 모형은 빨간색 모형보다 (많습니다 , 적습니다).

☐ 은/는 ☐ 보다 (큽니다 , 작습니다).

4

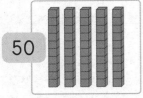 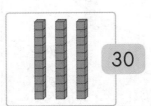

50   30

⇨ 파란색 모형은 빨간색 모형보다 (많습니다 , 적습니다).

☐ 은/는 ☐ 보다 (큽니다 , 작습니다).

50까지의 수를 세어 볼까요

10개씩 묶음 2개와
낱개 3개는 23이므로
모두 23명입니다.

10개씩 묶음: 2개 ⇒ 23
낱개: 3개

23 **읽기** 이십삼, 스물셋

• 몇십몇 알아보기

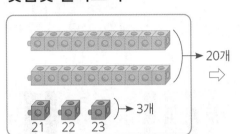

10개씩 묶음	낱개
2	❶

23 읽기 이십삼, 스물셋

1 수를 세어 10개씩 묶음과 낱개가 몇 개인지 빈칸에 써넣으세요.

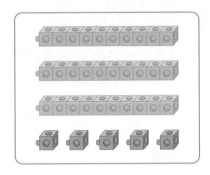

10개씩 묶음	낱개

는 10개씩 묶음을 는 낱개를 나타내요.

2 그림을 보고 ☐ 안에 알맞은 수를 써넣으세요.

10개씩 묶음 ☐ 개와

낱개 ☐ 개는 ☐ 입니다.

(3~4) 수를 세어 ☐ 안에 알맞은 수를 써넣고, 두 가지로 읽어 보세요.

3

☐

읽기 _____, _____

4

☐

읽기 _____, _____

몇십 알아보기

[1~3] 수를 세어 ☐ 안에 알맞은 수를 써넣고, 두 가지로 읽어 보세요.

1

☐

읽기 _____ , _____

2

☐

읽기 _____ , _____

3

☐

읽기 _____ , _____

4 수를 세어 ☐ 안에 알맞은 수를 써넣고, 알맞은 말에 ◯표 하세요.

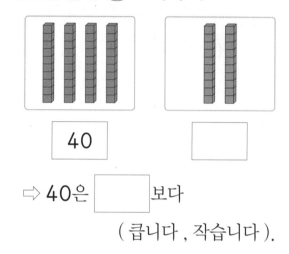

40   ☐

➡ 40은 ☐ 보다

(큽니다 , 작습니다).

몇십몇 알아보기

[5~8] 수를 세어 빈칸에 알맞은 수를 써넣으세요.

5

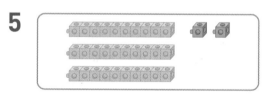

10개씩 묶음	낱개
3	

➡ ☐

6

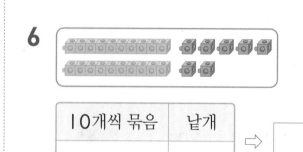

10개씩 묶음	낱개

➡ ☐

월   일

7

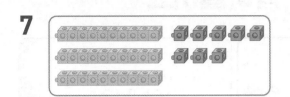

10개씩 묶음	낱개

⇨ ☐

8

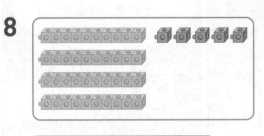

10개씩 묶음	낱개

⇨ ☐

(9~10) ☐ 안에 알맞은 수를 써넣으세요.

9 10개씩 묶음 2개와 낱개 2개는

☐ 입니다.

10 10개씩 묶음 4개와 낱개 6개는

☐ 입니다.

(11~13) 수로 써 보세요.

11 이십이   (   )

12 서른넷   (   )

13 마흔둘   (   )

(14~16) 수를 두 가지로 읽어 보세요.

14
21

읽기 _____ , _____

15
29

읽기 _____ , _____

16
35

읽기 _____ , _____

표에서 오른쪽으로 한 칸씩 갈 때마다 1씩 커진다.

24보다 1만큼 더 큰 수

| 21 | 22 | 23 | 24 | 25 | 26 | 27 | 28 | 29 | 30 |
| 31 | 32 | 33 | 34 | 35 | 36 | 37 | 38 | 39 | 40 |

33과 35 사이에 있는 수

32보다 1만큼 더 작은 수

• 50까지 수의 순서

7보다 1만큼 더 큰 수

1	2	3	4	5	6	7	❶	9	10
11	12	13	14	15	16	17	18	19	20
21	22	23	24	25	26	27	28	29	30
31	32	33	34	35	36	37	38	39	40
41	42	❷	44	45	46	47	48	49	50

32보다 1만큼 더 작은 수

→ 42와 44 사이에 있는 수

정답 | ❶ 8 ❷ 43

1 수의 순서에 맞게 빈칸에 알맞은 수를 써넣으세요.

1	2	3	4	5	6	7	8	9	10
11	12	13		15	16	17	18		20
21	22			25	26	27		29	
	32	33	34	35		37	38	39	40
41	42	43	44		46	47	48	49	

(2~5) 수의 순서에 맞게 ☐ 안에 알맞은 수를 써넣으세요.

2
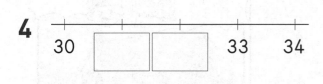

3

4
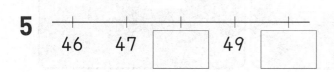

48은
47과 49 사이에
있는 수예요.

1만큼 더 작은 수   1만큼 더 큰 수

47 — 48 — 49

47과 49 사이에 있는 수

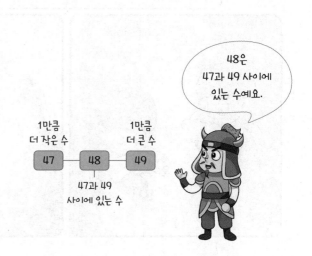

5

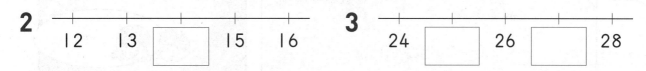

수의 크기를 비교해 볼까요

• 두 수의 크기 비교하기

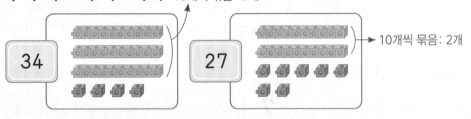

10개씩 묶음: 3개

34

27

10개씩 묶음: 2개

⇨ ┌ 34는 27보다 큽니다.

❶ [   ] 은/는 ❷ [   ] 보다 작습니다.

10개씩 묶음의 수가 클수록 큰 수예요.

정답 | ❶ 27 ❷ 34

5 단원

(1~3) 수의 크기를 비교하여 알맞은 말에 ◯표 하세요.

1 38은 45보다 (큽니다 , 작습니다).

2 21은 15보다 (큽니다 , 작습니다).

3 43은 45보다 (큽니다 , 작습니다).

10개씩 묶음의 수가 같은 경우에는 낱개의 수를 비교해요.

(4~5) 더 큰 수에 ◯표 하세요.

4 | 21   31 |

5 | 47   45 |

(6~7) 더 작은 수에 △표 하세요.

6 | 17   22 |

7 | 30   36 |

단계 2 개념 집중 연습

50까지 수의 순서

(1~3) ☐ 안에 주어진 수보다 1만큼 더 큰 수를 써넣으세요.

1 22 ☐

2 48 ☐

3 34 ☐

(4~6) ☐ 안에 주어진 수보다 1만큼 더 작은 수를 써넣으세요.

4 20 ☐

5 32 ☐

6 46 ☐

(7~11) 수의 순서에 맞게 빈칸에 알맞은 수를 써넣으세요.

7 14 - 15 - ◯ - ◯ - 18

8 29 - ◯ - ◯ - 32 - 33

9 ◯ - 35 - 36 - 37 - ◯

10 ◯ - ◯ - ◯ - 40 - 41

11 ◯ - ◯ - 46 - 47 - ◯

월 일

두 수의 크기 비교하기

(12~14) 그림을 보고 ☐ 안에 알맞은 수를 써넣으세요.

12

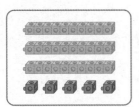 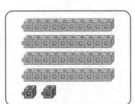

⇨ ☐ 은/는 ☐ 보다 작습니다.

13

⇨ ☐ 은/는 ☐ 보다 큽니다.

14

⇨ ☐ 은/는 ☐ 보다 큽니다.

(15~17) 더 큰 수에 ◯표 하세요.

15
31	26

16
19	23

17
42	40

(18~20) 더 작은 수에 △표 하세요.

18
34	39

19
25	35

20
29	46

1 10개인 것을 모두 찾아 ◯표 하세요.

다시 확인

( ) ( ) ( )

・손가락으로 하나씩 짚어가며 세어 봅니다.

2 가르기를 해 보세요.

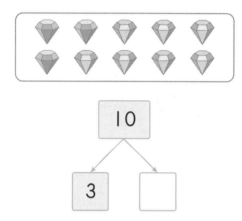

10을 여러 가지 방법으로 가를 수 있어요.

10	
1	9
2	8
3	7
4	6
5	5
6	4
7	3
8	2
9	1

3 10개씩 묶고 수로 나타내 보세요.

・10개씩 묶음의 수와 낱개의 수를 알아봅니다.

4 모으기를 해 보세요.

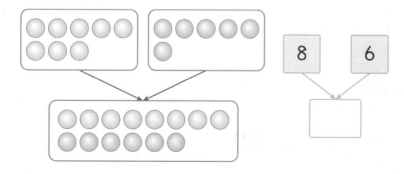

8 6

5 두 가지 방법으로 가르기를 해 보세요.

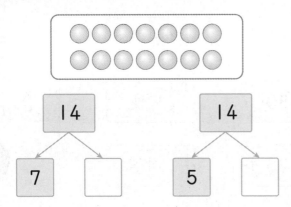

6 빈칸에 알맞은 수를 써넣으세요.

10개씩 묶음 2개	20
10개씩 묶음 3개	
10개씩 묶음 4개	

7 수를 세어 □ 안에 알맞은 수를 써넣고, 두 가지로 읽어 보세요.

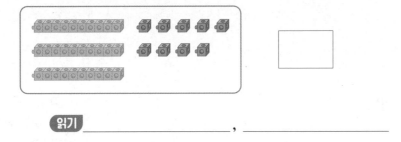

읽기 _____ , _____

8 빈칸에 알맞은 수를 써넣으세요.

10개씩 묶음 1개와 낱개 5개	15
10개씩 묶음 2개와 낱개 6개	
10개씩 묶음 4개와 낱개 1개	

10개씩 묶음 ▲개와
낱개 ■개는
▲■예요.

9 같은 수끼리 선으로 이어 보세요.

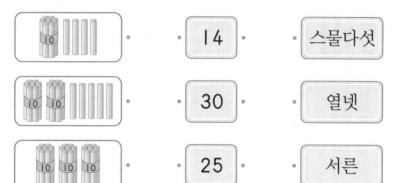

다시 확인

10 은 10개씩 묶음을

은 낱개를 나타내요.

10 그림을 보고 □ 안에 알맞은 수를 써넣으세요.

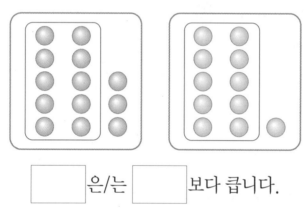

□ 은/는 □ 보다 큽니다.

11 더 큰 수에 ◯표 하세요.

(1) | 12   32 |

(2) | 27   24 |

· 10개씩 묶음의 수를 먼저 비교하고 낱개의 수를 비교합니다.

12 수의 순서에 맞게 빈칸에 알맞은 수를 써넣으세요.

13 가장 작은 수에 △표 하세요.

다시 확인

(1)

27	20	19

(2)

37	39	41

14 보관함의 번호를 나타낸 것입니다. 빈칸에 알맞은 수를 써넣으세요.

1	6	11	16	21	26	31	36	41
2		12	17	22	27	32	37	
3	8	13	18		28	33	38	43
4	9	14	19	24	29	34	39	44
	10	15	20	25	30	35	40	45

5는 4보다 1만큼 더 큰 수예요.

5 단원

15 작은 수부터 순서대로 써 보세요.

20	19	18	21	17

17 ─◯─◯─◯─◯

• 17부터 수의 순서대로 써넣습니다.

16 모아서 15가 되는 두 수를 찾아 같은 색으로 칠해 보세요.

1 ☐ 안에 알맞은 수를 써넣으세요.

9보다 ☐ 만큼 더 큰 수는 10입니다.

2 가르기를 하여 빈칸에 알맞은 수를 써넣으세요.

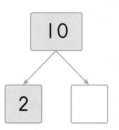

3 ☐ 안에 알맞은 수를 써넣으세요.

10개씩 묶음 4개와 낱개 1개는 ☐ 입니다.

4 수로 써 보세요.

마흔여덟

( )

5 같은 수끼리 선으로 이어 보세요.

35	42	29

이십구	삼십오	사십이

스물아홉	마흔둘	서른다섯

6 그림을 보고 빈칸에 알맞은 수나 말을 써넣으세요.

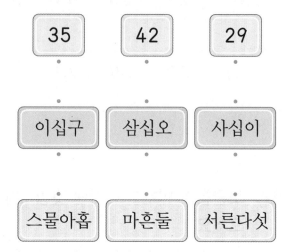

	37
이십	
	서른일곱

7 과자는 몇 개일까요?

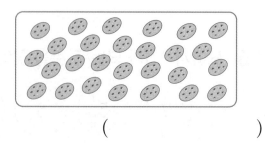

( )

8 수를 보고 10개씩 묶음의 수와 낱개의 수로 나타내 보세요.

	10개씩 묶음	낱개
17		
30		
25		

낱개의 수 ←
10개씩 묶음의 수 ←

[12~13] 그림을 보고 빈칸에 알맞은 수를 써넣으세요.

12
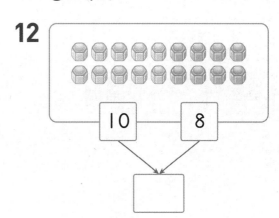

9 수의 순서에 맞게 빈칸에 알맞은 수를 써넣으세요.

13
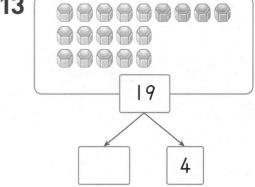

10 더 큰 수에 ◯표 하세요.

37	29

11 가장 작은 수에 △표 하세요.

14 그림을 보고 알맞은 말에 ◯표 하세요.

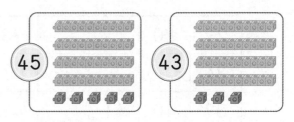

45는 43보다 (큽니다 , 작습니다).

15 순서를 거꾸로 하여 빈칸에 알맞은 말을 써넣으세요.

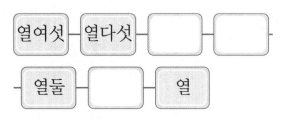

16 빈칸에 알맞은 수를 써넣고, 수를 두 가지로 읽어 보세요.

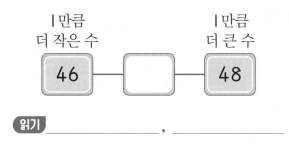

읽기 _____ , _____

17 수의 순서에 맞게 빈칸에 알맞은 수를 써넣으세요.

29	30			33
34			37	
39	40	41		43
	45	46		48

18 10을 어떻게 읽어야 하는지 십과 열 중 하나를 골라 ◯표 하세요.

• 상자에 배 10개가 들어 있습니다.
(십 , 열)

• 개학은 8월 10일입니다. (십 , 열)

• 형은 10살입니다. (십 , 열)

19 두 수를 모아서 14가 되는 수끼리 모두 찾아 선으로 이어 보세요.

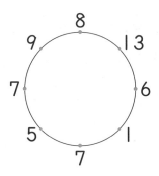

20 수의 순서에 맞게 신발장에 번호를 써넣고, 시후가 가진 열쇠 번호에 맞는 신발장을 찾아 ◯표 하세요.

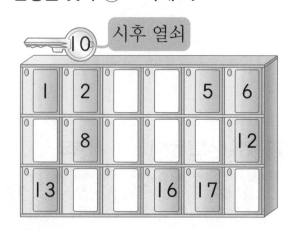

스스로 **학습장**

🌸 메모지를 완성하면서 50까지의 수를 정리해 보세요.

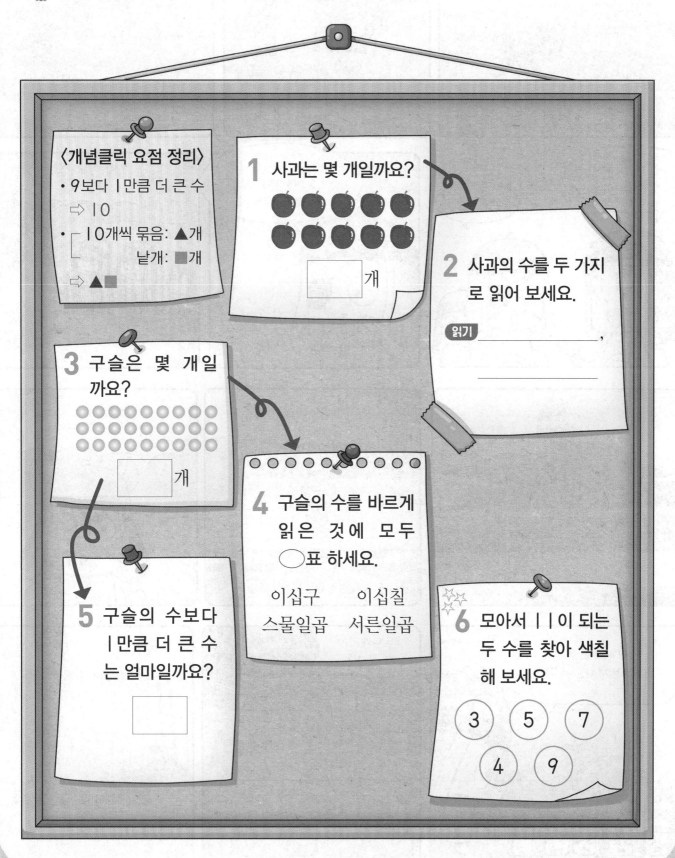

〈개념클릭 요점 정리〉

- 9보다 1만큼 더 큰 수
  ⇨ 10
- ⌈ 10개씩 묶음: ▲개
  ⌊ 낱개: ■개
  ⇨ ▲■

1 사과는 몇 개일까요?

☐ 개

2 사과의 수를 두 가지로 읽어 보세요.

읽기 _____ ,

_____

3 구슬은 몇 개일까요?

☐ 개

4 구슬의 수를 바르게 읽은 것에 모두 ◯표 하세요.

이십구   이십칠
스물일곱   서른일곱

5 구슬의 수보다 1만큼 더 큰 수는 얼마일까요?

☐

6 모아서 11이 되는 두 수를 찾아 색칠해 보세요.

③ ⑤ ⑦

④ ⑨

청해진

제자리에 서! 잠시 휴식!

두목!

두목이라니! 난 이제 바다를 지키는 병사다.

가끔 해적일 때가 그립지 않으세요?

아니, 전혀.

지금이 훨씬 좋지. 밥도 배불리 먹고 잠도 편히 자고~.

집합! 청해진으로 집합이다.

모두 들어라~.

청해진에 해적이 나타났다!

해적들로부터 백성들을 보호하자.

우리가 백성들을 위해 목숨 바쳐 싸울 때이다!

모두 나와 함께 하겠는가?

네 장군!!!

해적들을 무찌르자!

와 와 와

촤아아

1년 후 전라도 완도

이 근처였던 거 같은데….

응! 맞아.

청해진이 있을 때가 더 멋있는 거 같아.

응~ 또 가고 싶다.

하늘아~ 이것 봐라.

어? 그게 뭐야?

장보고 장군님 위인전이야.

헉! 네가 책을 읽다니!

여기 보면 우리 얘기도 있어.

정말?

뻥이지~.

뭐? 너 일루와!

헤 헤 헤

거기 서!

철

떡

태양아!

태양아 괜찮아? 어? 이건….

아…파~.

구슬이다.

그 때 그 구슬일까?

가져가서 확인해 보자.

그래! 다시 장보고 장군님을 만날 수 있는 걸까?

장보고는 신라시대 사람으로 지금의 전라남도 완도에서 태어났습니다.

장보고는 어려서부터 말을 잘타고 활을 잘 다뤄서 싸움을 잘했습니다.

장보고는 당나라에서 유명한 장군이 되었으나 신라 사람들을 위해 다시 신라로 돌아왔습니다.

신라로 돌아온 장보고는 청해진을 설치하고 다른 나라와 물건을 사고 팔 수 있도록 하였습니다.

또한 해적들로부터 백성들을 보호하였습니다.

백성들은 장보고를 해상왕, 바다의 왕자로 불렀습니다.

그러나 장보고는 그를 시기한 사람들에 의해 안타깝게 죽음을 맞이하게 됩니다.

하지만 바다와 백성들을 사랑한 장보고는 지금까지 많은 사람에게 기억되고 있습니다.

최고 수준 S

최고 수준

최강 TOT

모든 응용을
다 푸는
해결의 법칙

응용 해결의 법칙

일등전략

수학도
독해가 힘이다

초등 문해력
독해가 힘이다
[문장제 수학편]

수학 전략

모든 유형을
다 담은
해결의 법칙

유형 해결의 법칙

우등생 해법수학

개념클릭

모든 개념을
다 보는
해결의 법칙

개념 해결의 법칙

똑똑한 하루 시리즈 [수학/계산/도형/사고력]

계산박사

빅터연산

난이도

- 최상
- 심화
- 유형
- 개념
- 기초
연산
- 최하

초등 수학
라인업

평가 대비
특화 교재

수학 단원평가

해법수학
경시대회 기출문제

해법 예비 중학
신입생 수학

개념클릭

정답 및 풀이

및 풀이

천재교육

정답 및 풀이
포인트 3가지

▶ 빠르게 정답을 확인하는 스피드 정답

▶ 혼자서도 이해할 수 있는 친절한 문제 풀이

▶ 문제 해결에 필요한 핵심 내용 또는
　틀리기 쉬운 내용을 담은 참고와 주의

스피드 정답

① 9까지의 수

11쪽   단계 1 교과서 개념

1 예 ○○○○○

① 2 2 2 2

2 예 ○○○○○

① 4 ② 4 4 4

3 1에 ○표

4 5에 ○표

5 3 ; 삼

13쪽   단계 1 교과서 개념

1 ① 8 8 8 8

2 ① 9 9 9 9

3 6에 ○표

4 7에 ○표

5 9 ; 아홉

14~15쪽   단계 2 개념 집중 연습

1 3 3 3 3

2 5 5 5 5

---

3 4에 ○표   **4** 5에 ○표

5 둘에 ○표   **6** 사에 ○표

7 1 ; 하나, 일   **8** 3 ; 셋, 삼

9 6 6 6 6

10 7 7 7 7

11 6에 ○표   **12** 8에 ○표

13 아홉에 ○표   **14** 칠에 ○표

15 8 ; 여덟, 팔   **16** 9 ; 아홉, 구

17쪽   단계 1 교과서 개념

1

첫째

2 여섯째

3 다람쥐

19쪽   단계 1 교과서 개념

1

1	2	3	4	5	6	7	8	9

2

3

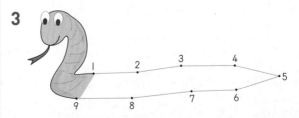

20~21쪽 단계 2 개념 집중 연습

1

2 넷째

3 다섯째

4 셋째, 일곱째

5 둘째

6 넷째

7 둘째

8 파란색

9 파란색

10 ① ② ③ 4 ⑤

11 ② 3 ④ 5 ⑥

12 ④ ⑤ ⑥ 7 8

13 ⑤ 6 ⑦ ⑧ 9

14 3 4 5 6 7 8

15

16

17

23쪽 단계 1 교과서 개념

1 5

2 8

3 (○) ( )

4 ( ) (○)

5 예 ⬡ 7

25쪽 단계 1 교과서 개념

1 2

2 6

3 1에 ○표

4 3에 ○표

5 예 ⬡ 7

26~27쪽 단계 2 개념 집중 연습

1 예 ○ ○ ○

2 예 ○ ○ ○ ○ ○

3 4에 ○표

4 6에 ○표

5 7에 ○표

6 2

7 5

8 9

9 예 ⬡ 6

10 예 ⬡ 8

11 3에 ○표

12 5에 ○표

13 ( ) (○)

14 ( ) (○)

15 (○) ( )

16 |

17 2

18 8

19 (예) 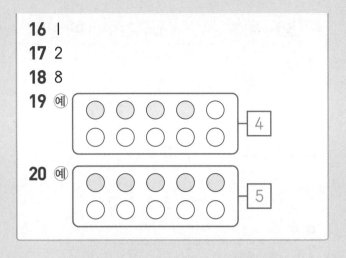 4

20 (예) 5

29쪽 단계 **1** 교과서 개념

1 0 0 0 0

2 |, 0

3 2, 0

4 0, 영

31쪽 단계 **1** 교과서 개념

1 많습니다에 ○표 ; 큽니다에 ○표

2 (예)

4

7

; 작습니다에 ○표

3 | ②

4 ⑥ 4

5 5 ⑨

6 4 △

7 ③ 7

8 ⑥ 8

32~33쪽 단계 **2** 개념 집중 연습

1 2, |, 0 **2** 2, |, 0

3

4 7에 ○표 **5** 6에 ○표

6 3에 △표 **7** 4에 △표

8 많습니다에 ○표 ; 큽니다에 ○표

9 적습니다에 ○표 ; 작습니다에 ○표

10 7 ○○○○○○○
5 ○○○○○
; 작습니다에 ○표

11 4 ○○○○
8 ○○○○○○○○
; 큽니다에 ○표

12 3 ⑨

13 5 ⑧

14 ② |

15 2 ⑤

16 △2 6

17 7 △4

18 3 △|

19 △5 9

20 △| △2 3 ④ ⑤ ⑥

34~37쪽 단계 3 익힘 문제 연습

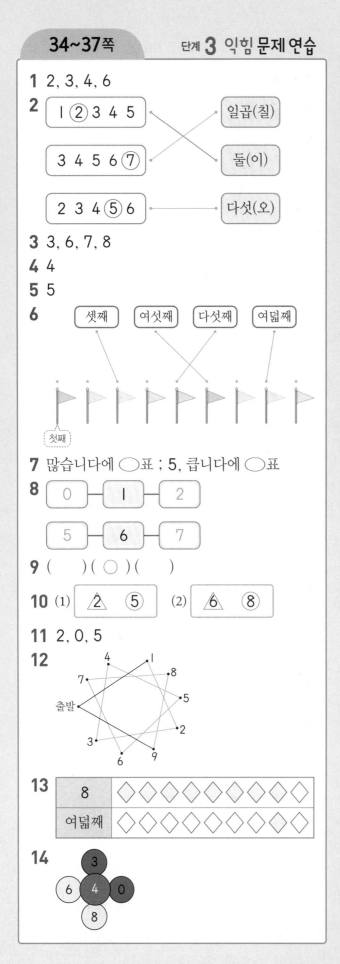

1 2, 3, 4, 6

2
I ②3 4 5	—	일곱(칠)
3 4 5 6 ⑦	—	둘(이)
2 3 4 ⑤ 6	—	다섯(오)

3 3, 6, 7, 8

4 4

5 5

6 셋째 여섯째 다섯째 여덟째

7 많습니다에 ○표 ; 5, 큽니다에 ○표

8
| 0 | — | I | — | 2 |
| 5 | — | 6 | — | 7 |

9 ( )(○)( )

10 (1) △2 ⑤ (2) △6 ⑧

11 2, 0, 5

12

13
| 8 | ◇◇◇◇◇◇◇◇ |
| 여덟째 | ◇◇◇◇◇◇◇◇ |

14

38~40쪽 단계 4 단원 평가

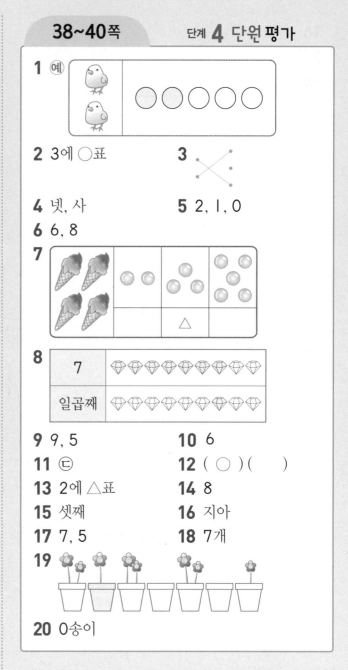

1 예

2 3에 ○표

3

4 넷, 사

5 2, 1, 0

6 6, 8

7

8
| 7 | ♦♦♦♦♦♦♦ |
| 일곱째 | ♦♦♦♦♦♦♦ |

9 9, 5

10 6

11 ㉢

12 (○)( )

13 2에 △표

14 8

15 셋째

16 지아

17 7, 5

18 7개

19

20 0송이

41쪽 스스로학습장

1 3

2 셋, 삼

3 2

4 4

5 넷째

6 셋째

❷ 여러 가지 모양

45쪽   단계 1 교과서 개념

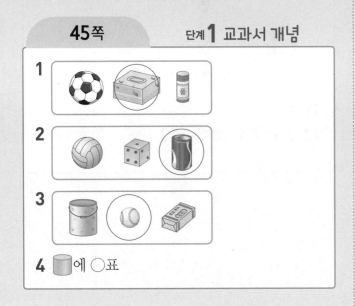

4 ⬤에 ○표

47쪽   단계 1 교과서 개념

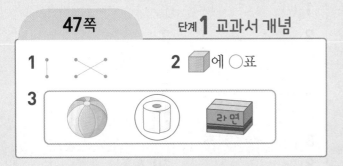

2 ⬜에 ○표

48~49쪽   단계 2 개념 집중 연습

6   7 나, 마
8 다, 라   9 가, 바

15 ⬜, ⬤에 ○표
16 ⬜, ⬤에 ○표
17 ⬤에 ○표   **18**

51쪽   단계 1 교과서 개념

1 ⬤에 ○표   **2** ⬤에 ○표
3 ⬜에 ○표

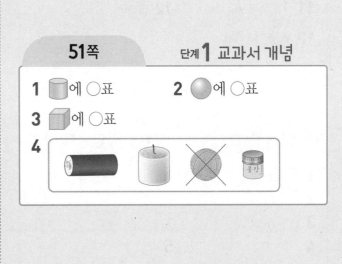

53쪽   단계 1 교과서 개념

1 2개   **2** 3개
3 1개   **4** 1개 ; 4개 ; 3개

54~55쪽 · 단계 2 개념 집중 연습

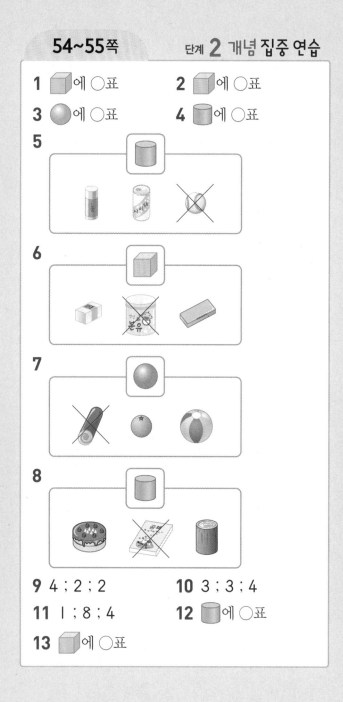

1 ▨에 ○표 **2** ▨에 ○표

3 ●에 ○표 **4** ▯에 ○표

5

6

7

8

9 4 ; 2 ; 2 **10** 3 ; 3 ; 4

11 1 ; 8 ; 4 **12** ▯에 ○표

13 ▨에 ○표

56~59쪽 · 단계 3 익힘 문제 연습

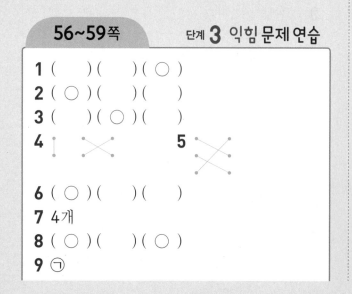

1 ( )( )(○)

2 (○)( )( )

3 ( )(○)( )

4 **5**

6 (○)( )( )

7 4개

8 (○)( )(○)

9 ㉠

10

11 ( )(○)(○)

12 5개 ; 5개 ; 3개 **13**

60~62쪽 · 단계 4 단원 평가

1 (○)( )( )

2 ●에 ○표 **3**

4 ●에 ○표 **5** ㉡

6 2개 **7** ㉢, ㉣, ㉤

8 ( )(○)( )

9 가 **10** 4개

11 3, 4, 3 **12** 3개

13 ㉠ **14** ㉢

15 ㉠, ㉤ **16** ㉡, ㉣

17 현수 **18** ▯에 ○표

19 7개 **20** ㉠

63쪽 · 스스로학습장

1 ○ **2** ×

3 × **4** ○

5 × **6** ×

7 ○ **8** ○

❸ 덧셈과 뺄셈

67쪽   단계 1 교과서 개념

1 4   **2** 5
3 4   **4** 5

69쪽   단계 1 교과서 개념

1 2   **2** 4
3 l   **4** 3

70~71쪽   단계 2 개념 집중 연습

1 3   **2** 4
3 (위부터) 3, 5   **4** 2
5 3   **6** 4
7 5   **8** 5
9 4   **10** 5
11 5   **12** l
13 l   **14** (왼쪽부터) 3, l
15 2   **16** 2
17 3   **18** l
19 4   **20** 2
21 l   **22** 3

73쪽   단계 1 교과서 개념

1 (위부터) 3, 7   **2** (위부터) 2, 8
3 6   **4** 8
5 8   **6** 7
7 9

75쪽   단계 1 교과서 개념

1 3   **2** 2
3 3   **4** 5
5 6   **6** 2

76~77쪽   단계 2 개념 집중 연습

1 6   **2** (위부터) 3, 7
3 (위부터) 4, 9   **4** 6
5 6   **6** 7
7 7   **8** 8
9 9   **10** 9
11 9   **12** 5
13 (왼쪽부터) 4, 4   **14** (왼쪽부터) 6, 3
15 l   **16** 4
17 6   **18** 4
19 6   **20** l
21 4   **22** 7

79쪽   단계 1 교과서 개념

1 3   **2** 5
3 3   **4** 3, 4

81쪽   단계 1 교과서 개념

1 4 ; 4   **2** 6 ; 6
3 더하기 ; 합
4 4 ; 2 더하기 2는 4와 같습니다.
     (또는 2와 2의 합은 4입니다.)

82~83쪽   단계 2 개념 집중 연습

1 7   **2** 3, 4
3 4, 6   **4** 3
5 2   **6** 4, l
7 5 ; 5   **8** 5 ; 2, 5
9 7 ; 3, 7   **10** 더하기 ; 합
11 더하기 ; 합   **12** 더하기 ; 합, 7
13 더하기, 9 ; 합, 9

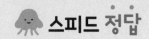

85쪽   단계 **1** 교과서 개념

1 (1) 예    (2) 6

2 4, 4   **3** 9, 9

87쪽   단계 **1** 교과서 개념

1 8 ; 8   **2** 9 ; 5, 9
3 3, 4, 5   **4** 6, 7, 8

88~89쪽   단계 **2** 개념 집중 연습

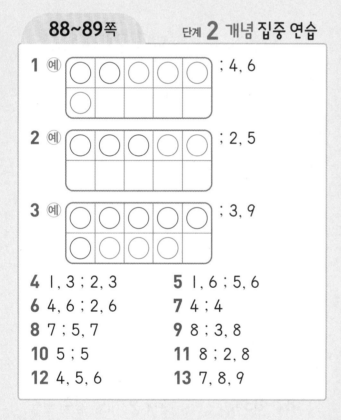

1 예   ; 4, 6

2 예   ; 2, 5

3 예   ; 3, 9

4 1, 3 ; 2, 3   **5** 1, 6 ; 5, 6
6 4, 6 ; 2, 6   **7** 4 ; 4
8 7 ; 5, 7   **9** 8 ; 3, 8
10 5 ; 5   **11** 8 ; 2, 8
12 4, 5, 6   **13** 7, 8, 9

91쪽   단계 **1** 교과서 개념

1 1 ; 1   **2** 2 ; 2
3 빼기 ; 차
4 6 ; 8 빼기 2는 6과 같습니다.
      (또는 8과 2의 차는 6입니다.)

93쪽   단계 **1** 교과서 개념

1 (1) 예 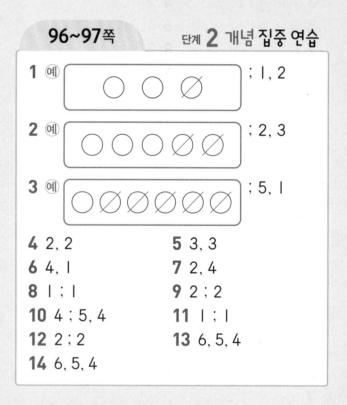   (2) 3

2 3, 1   **3** 6, 2

95쪽   단계 **1** 교과서 개념

1 2 ; 2   **2** 1, 5 ; 1, 5
3 4, 3, 2   **4** 8, 7, 6

96~97쪽   단계 **2** 개념 집중 연습

1 예   ; 1, 2

2 예   ; 2, 3

3 예   ; 5, 1

4 2, 2   **5** 3, 3
6 4, 1   **7** 2, 4
8 1 ; 1   **9** 2 ; 2
10 4 ; 5, 4   **11** 1 ; 1
12 2 ; 2   **13** 6, 5, 4
14 6, 5, 4

99쪽   단계 **1** 교과서 개념

1 5   **2** 5
3 0

1 5, 5, 5 　　　　　　　　**2** 3, 3, 3

3

4+1	2+2	6+0
0+8	3+4	2+5
4+3	2+3	1+7

4

5−2	3−1	9−5
8−6	6−3	4−1
4−0	5−4	2−0

5 6−0, 1+5에 ○표

1 2 　　　　　　　　　　**2** 4
3 3 　　　　　　　　　　**4** 5
5 3 　　　　　　　　　　**6** 0, 6
7 0 　　　　　　　　　　**8** 3, 0
9 6, 6, 6 　　　　　　　　**10** 8, 8, 8
11 1, 1, 1 　　　　　　　　**12** 3, 3, 3

13

⃝6+3	4+4	1+7
	0+6	2+5
7+1	⃝8+1	⃝3+6
	⃝4+5	5+3
2+4	⃝0+9	8+0

14

7−4	8−1	6−3
	7−0	△5−0
△8−3	6−4	9−3
	4−1	8−2
9−2	△9−4	△6−1

15 예 1+1=2 ; 예 2−0=2

1 5 　　　　　　　　**2** 6, 3 (또는 3, 6)
3 2, 5 　　　　　　　**4** 7 ; 7
5 예 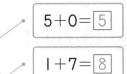 ; 3, 7

6 5 ; 4, 5 　　　　　　**7** 5 ; 빼기, 5
8 4 ; 4, 4
9 (1) 8 ; 2, 8　(2) 1 ; 6, 1
10 (1) 6　(2) 0, 6 　　**11**
12 (1) 0　(2) 7 　　**13** (1) 4, 2　(2) 3, 5
14 (1) +　(2) −
15

7−3=4		5+0=5
5−0=5		1+7=8
9−1=8		0+4=4

1 　　　　　　**2** 5, 2
3 8 　　　　　　　　**4** 빼기 ; 차
5 예 ; 3, 7

6 2, 6 ; 4 더하기 2는 6과 같습니다.
　　　(또는 4와 2의 합은 6입니다.)
7 9 ; 6, 9 　　　　　　**8** 4 ; 4
9 4, 2 　　　　　　　　**10** 8, 6, 2
11 1, 4, 5 (또는 4, 1, 5)
12 6, 3, 3 　　　　　　**13** 4
14 0, 3, 3 (또는 3, 0, 3)
15 　　　　　　　　　**16** 6
17 + 　　　　　　　　**18** −
19 7개 　　　　　　　　**20** 8, 5, 3

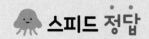

111쪽   스스로학습장

1 2+4=6 (또는 4+2=6)

2 ┌ 2 더하기 4는 6과 같습니다.
   └ 2와 4의 합은 6입니다.

   (또는 ┌ 4 더하기 2는 6과 같습니다.)
         └ 4와 2의 합은 6입니다.

3 4−2=2

4 ┌ 4 빼기 2는 2와 같습니다.
   └ 4와 2의 차는 2입니다.

❹ 비교하기

115쪽   단계 **1** 교과서 개념

1 (1) 깁니다에 ◯표   (2) 짧습니다에 ◯표
2 (◯)   **3** (◯)
   (   )   (   )
4 (◯)
   (△)
   (   )

117쪽   단계 **1** 교과서 개념

1 (◯)(   )   **2** (   )(◯)
3 선호   **4** 국기 게양대

119쪽   단계 **1** 교과서 개념

1 (1) 무겁습니다에 ◯표
   (2) 가볍습니다에 ◯표
2 (◯)(   )   **3** (   )(◯)
4 (   )(△)   **5** (△)(   )

120~121쪽   단계 **2** 개념 집중 연습

1 (   )   **2** (◯)
   (◯)   (   )
3 (◯)   **4** (◯)
   (   )   (   )
5 (   )   **6** (   )
   (◯)   (△)
7 (△)
   (   )
8 (◯)(   )
9 (   )(◯)
10 (◯)(   )
11 (   )(△)
12 (△)(   )
13 (◯)(   )
14 (   )(◯)
15 (◯)(   )
16 (◯)(   )
17 (   )(◯)
18 (1)(3)(2)
19 (2)(3)(1)

123쪽   단계 **1** 교과서 개념

1 (1) 넓습니다에 ◯표   (2) 좁습니다에 ◯표
2 (   )(◯)
3 (◯)(   )
4 (   )(△)
5 (△)(   )

125쪽   단계 **1** 교과서 개념

1 (1) 적습니다에 ◯표   (2) 많습니다에 ◯표
2 (   )(◯)
3 (   )(◯)
4 (◯)(△)(   )

1 (○) (　)　　**2** (　) (○)
3 (○) (　)　　**4** (　) (○)
5 (○) (　)　　**6** (　) (△)
7 (△) (　)　　**8** (△) (　)
9 (△) (　)　　**10** (　) (△)
11 (○) (　)　　**12** (　) (○)
13 (○) (　)　　**14** (　) (○)
15 (○) (　)
16 (　) (△) (○)
17 (○) (△) (　)
18 (　) (△) (○)
19 (△) (　) (○)
20 (○) (△) (　)

1 (　)
　(○)
2 (1) (○) (　)　(2) (　) (○)
3 (1) (○) (　)　(2) (○) (　)
4 (1) (△) (　)　(2) (△) (　)
5 (1) (△) (　)　(2) (△) (　)
6 (1) (　) (○)　(2) (○) (　)
7 (1) (　) (△)　(2) (△) (　)
8 (△) (　) (○)
9 (△) (　) (○)
10 (　) (△) (○)
11 (　) (△) (○)
12 (○)
　(　)
13 (　) (○) (　) (○)
14 (2) (1) (3)
15 예 우리 학교 운동장
16 (　) (　) (○)

1 (○)　　　　**2** (○) (　)
　(　)
3 짧습니다에 ○표　**4** 많습니다에 ○표
5 (△)　　　　**6**
　(　)
7 ✕　　　　　**8** 현성
9 (　) (　) (○)
10 딸기
11 (△) (　) (○)
12 (△)
　(　)
　(○)
13 (△) (　) (○)
14 ㉡, ㉢　　　**15** ㉠, ㉣
16 ㉣　　　　　**17** ㉡, ㉢, ㉠, ㉣
18 (1) (3) (2)
19
20 지호

1 ✕ ; ✕ ; ○
2 ○ ; ✕ ; ○

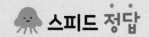

❺ 50까지의 수

1 10 **2** 10개
3 10 **4** 10
5 5

1 예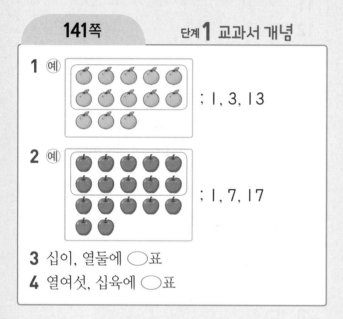

; 1, 3, 13

2 예 ; 1, 7, 17

3 십이, 열둘에 ◯표
4 열여섯, 십육에 ◯표

1 10 **2** (위부터) 3, 10
3 4 **4** (위부터) 10, 2
5 11 **6** 12
7 15 **8** 18
9 14 **10** 11
11 12 **12** 16
13 1, 3 **14** 1, 9
15 14 **16** 13
17 15 **18** 십이, 열둘
19 십칠, 열일곱 **20** 십팔, 열여덟

1 예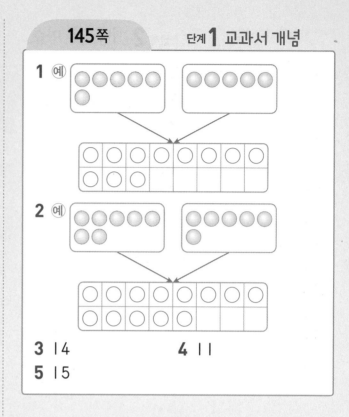

2 예

3 14 **4** 11
5 15

1 예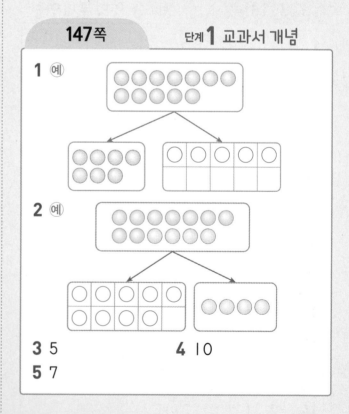

2 예

3 5 **4** 10
5 7

1 11   **2** 12

3 16   **4** 16

5 12 ; 14   **6** 14 ; 15

7 18 ; 11   **8** 16 ; 19

9 6   **10** 7

11 7   **12** 12

13 4 ; 7   **14** 8 ; 8

15 2 ; 2   **16** 9 ; 15

1 30

2 5개

3 적습니다에 ◯표
; 예 30, 40, 작습니다에 ◯표

4 많습니다에 ◯표
; 예 50, 30, 큽니다에 ◯표

1

10개씩 묶음	낱개
3	5

2 2, 2, 22

3 26 ; 이십육, 스물여섯

4 33 ; 삼십삼, 서른셋

1 20 ; 이십, 스물

2 30 ; 삼십, 서른

3 40 ; 사십, 마흔

4 20 ; 20, 큽니다에 ◯표

5

10개씩 묶음	낱개	
3	2	; 32

6

10개씩 묶음	낱개	
2	7	; 27

7

10개씩 묶음	낱개	
3	8	; 38

8

10개씩 묶음	낱개	
4	5	; 45

9 22

10 46

11 22

12 34

13 42

14 이십일, 스물하나

15 이십구, 스물아홉

16 삼십오, 서른다섯

1

1	2	3	4	5	6	7	8	9	10
11	12	13	14	15	16	17	18	19	20
21	22	23	24	25	26	27	28	29	30
31	32	33	34	35	36	37	38	39	40
41	42	43	44	45	46	47	48	49	50

2 14   **3** 25, 27

4 31, 32   **5** 48, 50

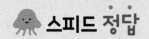

159쪽 단계 1 교과서 개념

1 작습니다에 ○표
2 큽니다에 ○표
3 작습니다에 ○표
4 21 31(○)
5 47(○) 45
6 17(△) 22
7 30(△) 36

160~161쪽 단계 2 개념 집중 연습

1 23
2 49
3 35
4 19
5 31
6 45
7 14 - 15 - 16 - 17 - 18
8 29 - 30 - 31 - 32 - 33
9 34 - 35 - 36 - 37 - 38
10 37 - 38 - 39 - 40 - 41
11 44 - 45 - 46 - 47 - 48
12 35, 42
13 27, 23
14 33, 31
15 31(○) 26
16 19 23(○)
17 42(○) 40
18 34(△) 39
19 25(△) 35
20 29(△) 46

162~165쪽 단계 3 익힘 문제 연습

1 ( )(○)(○)
2 7
3 예 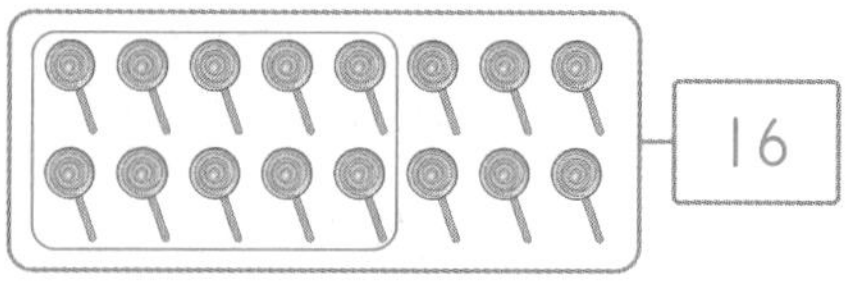

4 14
5 7 ; 9
6 30 ; 40
7 39 ; 삼십구, 서른아홉
8 26 ; 41
9 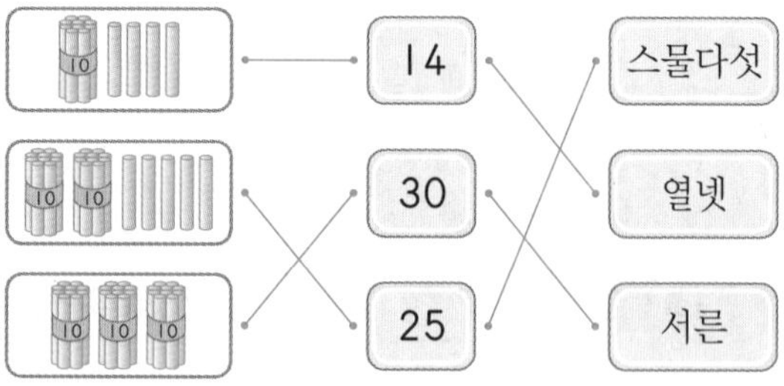

10 13, 11
11 (1) 12 32(○)
(2) 27(○) 24
12 25, 26, 29
13 (1) 27 20 19(△)
(2) 37(△) 39 41
14

1	6	11	16	21	26	31	36	41
2	7	12	17	22	27	32	37	42
3	8	13	18	23	28	33	38	43
4	9	14	19	24	29	34	39	44
5	10	15	20	25	30	35	40	45

15 17 - 18 - 19 - 20 - 21
16 7 5 8 9 2 10

1 1

2 8

3 41

4 48

5
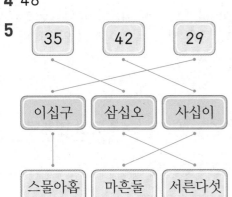

6 (위부터) 20 ; 삼십칠 ; 스물

7 27개

8

	10개씩 묶음	낱개
17	1	7
30	3	0
25	2	5

9 19, 20

10 ㊲   29

11 16에 △표

12 18

13 15

14 큽니다에 ◯표

15 열넷, 열셋, 열하나

16 47 ; 사십칠, 마흔일곱

17

29	30	31	32	33
34	35	36	37	38
39	40	41	42	43
44	45	46	47	48

18 열에 ◯표 ; 십에 ◯표 ; 열에 ◯표

19
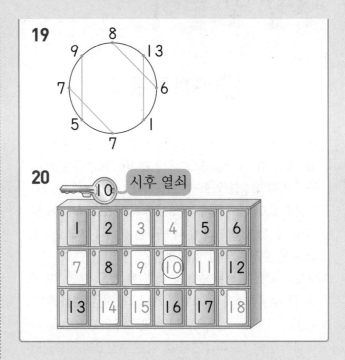

20

1 10

2 십, 열

3 27

4 이십칠, 스물일곱에 ◯표

5 28

6 ③ ⑤ ⑦ ④ ⑨

정답 및 풀이

❶ 9까지의 수

학부모 지도 가이드 일상생활의 다양한 상황에서 수를 세고, 순서를 알아보고, 크기를 비교하는 경험을 통해 9까지의 수를 익힐 수 있습니다.

예를 들어 사과 4개, 배 3개를 세어 보고 4, 3을 읽고 쓸 수 있게 하거나 순서 놀이를 통해 1부터 9까지의 순의 순서를 익히게 합니다.

또한 사과가 배보다 하나 더 많은 것을 알고 1만큼 더 큰 수를, 배가 사과보다 하나 더 적은 것을 알고 1만큼 더 작은 수를 익히게 하고 아무것도 없음을 나타내기 위해 1보다 1만큼 더 작은 수인 0의 필요성을 알게 합니다.

직접 세어 보고 활동하며 정확한 수 개념을 익히고, 수의 크기를 비교할 때에는 '크다'와 '작다'로 표현할 수 있도록 지도합니다.

11쪽   단계 **1** 교과서 개념

1 (예) ○○○○○ / 2 2 2 2
2 (예) ○○○○○ / 4 4 4 4
3 1에 ○표
4 5에 ○표
5 3 ; 삼

1 피아노를 세어 보면 하나, 둘이므로
○ 2개에 색칠하고 2를 따라 씁니다.
2 피아노를 세어 보면 하나, 둘, 셋, 넷이므로
○ 4개에 색칠하고 4를 따라 씁니다.
참고 수 세기는 '하나, 둘, 셋, 넷, 다섯' 또는 '일, 이, 삼, 사, 오'와 같이 안정된 순서로 수 이름을 말해야 합니다.

3 바이올린을 세어 보면 하나이므로 1에 ○표합니다.
4 캐스터네츠를 세어 보면 하나, 둘, 셋, 넷, 다섯이므로 5에 ○표 합니다.
5 북을 세어 보면 하나, 둘, 셋이므로 수를 쓰면 3입니다. 3은 셋 또는 삼이라고 읽습니다.

13쪽   단계 **1** 교과서 개념

1 8 8 8 8
2 9 9 9 9
3 6에 ○표
4 7에 ○표
5 9 ; 아홉

1 양을 세어 보면 하나, 둘, 셋, ..., 여덟이므로 8을 따라 씁니다.
2 양을 세어 보면 하나, 둘, 셋, ..., 아홉이므로 9를 따라 씁니다.
3 거북을 세어 보면 하나, 둘, 셋, ..., 여섯이므로 6에 ○표 합니다.
4 나비를 세어 보면 하나, 둘, 셋, ..., 일곱이므로 7에 ○표 합니다.
5 고양이를 세어 보면 하나, 둘, 셋, ..., 아홉이므로 수를 쓰면 9입니다.
9는 아홉 또는 구라고 읽습니다.

14~15쪽   단계 **2** 개념 집중 연습

1 3 3 3 3
2 5 5 5 5

3 4에 ○표

4 5에 ○표

5 둘에 ○표

6 사에 ○표

7 Ⅰ ; 하나, 일

8 3 ; 셋, 삼

9
| 6 | 6 | 6 | 6 |

10
| 7 | 7 | 7 | 7 |

11 6에 ○표

12 8에 ○표

13 아홉에 ○표

14 칠에 ○표

15 8 ; 여덟, 팔

16 9 ; 아홉, 구

3 쿠키를 세어 보면 하나, 둘, 셋, 넷이므로 4에 ○표 합니다.

4 사탕을 세어 보면 하나, 둘, 셋, 넷, 다섯이므로 5에 ○표 합니다.

6 복숭아를 세어 보면 하나, 둘, 셋, 넷이므로 사에 ○표 합니다.

7 해바라기는 하나이므로 Ⅰ이고,
Ⅰ은 하나 또는 일이라고 읽습니다.

8 장미는 하나, 둘, 셋이므로 3이고,
3은 셋 또는 삼이라고 읽습니다.

11 당근을 세어 보면 하나, 둘, 셋, ..., 여섯이므로 6에 ○표 합니다.

12 무를 세어 보면 하나, 둘, 셋, ..., 여덟이므로 8에 ○표 합니다.

13 고양이를 세어 보면 하나, 둘, 셋, ..., 아홉이므로 아홉에 ○표 합니다.

14 강아지를 세어 보면 하나, 둘, 셋, ..., 일곱이므로 칠에 ○표 합니다.

15 초콜릿은 여덟이므로 8이고,
8은 여덟 또는 팔이라고 읽습니다.

16 과자는 아홉이므로 9이고,
9는 아홉 또는 구라고 읽습니다.

17쪽 단계**1** 교과서 개념

1 첫째

2 여섯째

3 다람쥐

1 첫째 둘째 셋째 넷째 다섯째 여섯째

참고 순서를 말할 때 둘째, 셋째 등과 같이 한글로 수를 나타낸 후 '째'를 붙이지만 하나에 대응하는 순서만 예외로 '하나째'가 아닌 '첫째'로 씁니다.

2 사자 타조 기린 호랑이 토끼 코끼리 돼지 다람쥐 거북

첫째 둘째 셋째 넷째 다섯째 여섯째 일곱째 여덟째 아홉째

3 Ⅰ등 2등 3등 4등 5등 6등 7등 8등 9등

사자 타조 기린 호랑이 토끼 코끼리 돼지 다람쥐 거북

19쪽 단계**1** 교과서 개념

1
| Ⅰ | 2 | 3 | 4 | 5 | 6 | 7 | 8 | 9 |

2

3

1 Ⅰ부터 순서에 맞게 빈칸에 수를 써넣습니다.

2 4, 5, 6, 7, 8, 9의 순서대로 선으로 잇습니다.

3 Ⅰ, 2, 3, 4, 5, 6, 7, 8, 9의 순서대로 선으로 잇습니다.

20~21쪽   단계 2 개념 집중 연습

1 (선으로 연결된 그림)

2 넷째

3 다섯째

4 셋째, 일곱째

5 둘째

6 넷째

7 둘째

8 파란색

9 파란색

10 ① — 2 — 3 — ④ — 5

11 2 — ③ — 4 — 5 — 6

12 4 — 5 — 6 — ⑦ — ⑧

13 5 — ⑥ — 7 — 8 — ⑨

14 | 3 | 4 | 5 | 6 | 7 | 8 |

15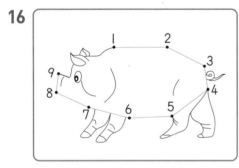

16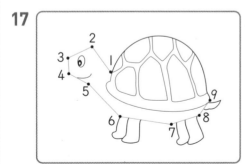

17

1 도착점에서부터 첫째, 둘째, 셋째입니다.

2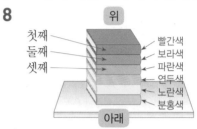
첫째   둘째   셋째   넷째

4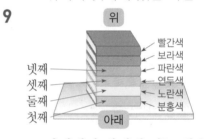
첫째   둘째   셋째   넷째   다섯째   여섯째   일곱째   여덟째

5 보라색 책은 위에서 둘째입니다.

6 연두색 책은 위에서 넷째입니다.

7 노란색 책은 아래에서 둘째입니다.

8

위
첫째 — 빨간색
둘째 — 보라색
셋째 — 파란색
연두색
노란색
분홍색
아래

⇨ 위에서 셋째에 있는 책은 파란색입니다.

9

위
빨간색
보라색
넷째 — 파란색
셋째 — 연두색
둘째 — 노란색
첫째 — 분홍색
아래

⇨ 아래에서 넷째에 있는 책은 파란색입니다.

10 3 다음에는 4입니다.

11 2 다음에는 3, 4 다음에는 5입니다.

12 6 다음에는 7, 7 다음에는 8입니다.

13 5 다음에는 6, 8 다음에는 9입니다.

14 수를 순서대로 쓰면 3, 4, 5, 6, 7, 8입니다.

16~17 1, 2, 3, 4, 5, 6, 7, 8, 9의 순서대로 선으로 잇습니다.

23쪽   단계 1 교과서 개념

1 5

2 8

3 (◯)( )

4 ( )(◯)

5 예 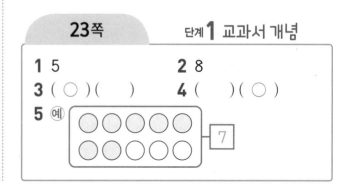 7

1 4보다 l만큼 더 큰 수는 5입니다.

2 7보다 l만큼 더 큰 수는 8입니다.

3 보온병은 2개입니다.
2보다 l만큼 더 큰 수는 3입니다.

4 연필은 5자루입니다.
5보다 l만큼 더 큰 수는 6입니다.

5 가방은 6개입니다.
6보다 l만큼 더 큰 수는 7이므로 ○ 7개에 색칠합니다.

25쪽　　　　단계**1** 교과서 개념

1 2　　　　　　**2** 6

3 l에 ○표　　　**4** 3에 ○표

5 예

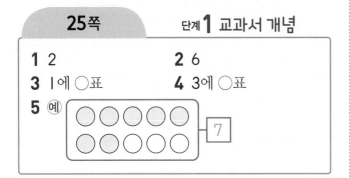

1 3보다 l만큼 더 작은 수는 2입니다.

2 7보다 l만큼 더 작은 수는 6입니다.

3 야구 글러브는 2개입니다.
2보다 l만큼 더 작은 수는 l입니다.

4 야구 방망이는 4개입니다.
4보다 l만큼 더 작은 수는 3입니다.

5 셔틀콕은 8개입니다.
8보다 l만큼 더 작은 수는 7이므로 ○ 7개에 색칠합니다.

26~27쪽　　　단계**2** 개념 집중 연습

1 예　□□□□□

2 예　□□□□□□

3 4에 ○표　　　**4** 6에 ○표

5 7에 ○표　　　**6** 2

7 5　　　　　　**8** 9

---

9 예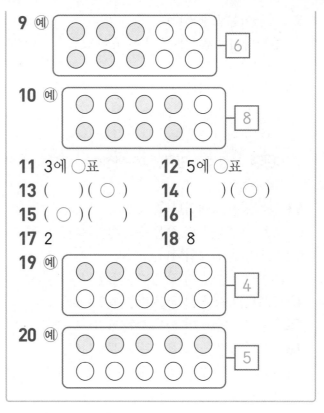

10 예

11 3에 ○표　　　**12** 5에 ○표

13 ( ) (○)　　**14** ( ) (○)

15 (○) ( )　　**16** l

17 2　　　　　　**18** 8

19 예

20 예

---

1 주전자는 2개입니다.
2보다 l만큼 더 큰 수는 3이므로 ○를 3개 그립니다.

2 컵은 4개입니다.
4보다 l만큼 더 큰 수는 5이므로 ○를 5개 그립니다.

3 공책은 3권입니다.
3보다 l만큼 더 큰 수는 4입니다.

4 풀은 5개입니다.
5보다 l만큼 더 큰 수는 6입니다.

5 가위는 6개입니다.
6보다 l만큼 더 큰 수는 7입니다.

6 l보다 l만큼 더 큰 수는 l 바로 뒤의 수인 2입니다.

7 4보다 l만큼 더 큰 수는 4 바로 뒤의 수인 5입니다.

8 8보다 l만큼 더 큰 수는 8 바로 뒤의 수인 9입니다.

참고 어떤 수보다 1만큼 더 큰 수는 어떤 수 바로 뒤의 수입니다.

9 복숭아는 5개입니다.

5보다 1만큼 더 큰 수는 6이므로 ○ 6개에 색칠합니다.

10 귤은 7개입니다.

7보다 1만큼 더 큰 수는 8이므로 ○ 8개에 색칠합니다.

> **주의** 그림의 수만큼 ○에 색칠하지 않도록 주의합니다.

11 솜사탕은 4개입니다.

4보다 1만큼 더 작은 수는 3입니다.

12 핫도그는 6개입니다.

6보다 1만큼 더 작은 수는 5입니다.

13 5보다 1만큼 더 작은 수는 4입니다.

14 7보다 1만큼 더 작은 수는 6입니다.

15 8보다 1만큼 더 작은 수는 7입니다.

16 2보다 1만큼 더 작은 수는 2 바로 앞의 수인 1입니다.

17 3보다 1만큼 더 작은 수는 3 바로 앞의 수인 2입니다.

18 9보다 1만큼 더 작은 수는 9 바로 앞의 수인 8입니다.

> **참고** 어떤 수보다 1만큼 더 작은 수는 어떤 수 바로 앞의 수입니다.

19 해마는 5마리입니다.

5보다 1만큼 더 작은 수는 4이므로 ○ 4개에 색칠합니다.

20 새우는 6마리입니다.

6보다 1만큼 더 작은 수는 5이므로 ○ 5개에 색칠합니다.

29쪽   단계 **1** 교과서 개념

1 0 ○ ○ ○

2 1, 0

3 2, 0

4 0, 영

---

1 바구니 안에 아무것도 없으므로 빵의 수는 0입니다.

2~3 접시에 도넛이 2개, 1개, 0개 있습니다.

31쪽   단계 **1** 교과서 개념

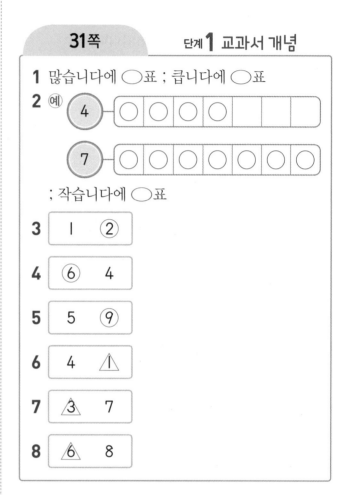

1 많습니다에 ○표 ; 큽니다에 ○표

2 예 ④ ○ ○ ○ ○ ○

     ⑦ ○ ○ ○ ○ ○ ○ ○

; 작습니다에 ○표

3 | 1 | ② |

4 | ⑥ | 4 |

5 | 5 | ⑨ |

6 | 4 | ⚠ |

7 | ⚠ | 7 |

8 | ⚠ | 8 |

---

1 사과: 6개, 복숭아: 3개

⇨ 6은 3보다 큽니다.

> **주의** 사물의 수를 비교할 때는 '많다', '적다'로 말하고, 수의 크기를 비교할 때는 '크다', '작다'로 말합니다.

2 ○를 하나씩 짝지었을 때, 모자라는 쪽의 수가 더 작습니다.

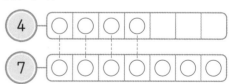

⇨ 4는 7보다 작습니다.

3~5 수를 1부터 순서대로 셀 때, 뒤의 수가 더 큽니다.

6~8 수를 1부터 순서대로 셀 때, 앞의 수가 더 작습니다.

단계 **2 개념 집중 연습**

1 2, 1, 0   **2** 2, 1, 0

3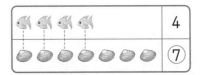

4 7에 ◯표   **5** 6에 ◯표

6 3에 △표   **7** 4에 △표

8 많습니다에 ◯표 ; 큽니다에 ◯표

9 적습니다에 ◯표 ; 작습니다에 ◯표

10 7 ─ ◯◯◯◯◯◯◯

5 ─ ◯◯◯◯◯

; 작습니다에 ◯표

11 4 ─ ◯◯◯◯

8 ─ ◯◯◯◯◯◯◯◯

; 큽니다에 ◯표

12 3 ⑨

13 5 ⑧

14 ② 1

15 2 ⑤

16 △2 6

17 7 △4

18 3 △1

19 △5 9

20 △1 △2 3 ④ ⑤ ⑥

---

1 크레파스의 수를 세어 ☐ 안에 써넣습니다.
아무것도 없는 것을 0이라 합니다.

2 책의 수를 세어 ☐ 안에 써넣습니다.
아무것도 없는 것을 0이라 합니다.

3 연필이 왼쪽부터 2자루, 3자루, 0자루, 1자루 꽂혀 있습니다.

4 하나씩 짝지었을 때 남는 쪽이 더 큰 수입니다.

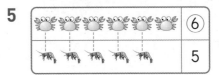

⇨ 7은 4보다 큽니다.

5

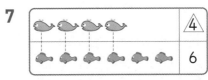

⇨ 6은 5보다 큽니다.

6 하나씩 짝지었을 때 모자라는 쪽이 더 작은 수입니다.

★ ★ ★	△3
🐚🐚🐚🐚🐚	5

⇨ 3은 5보다 작습니다.

7

🐳🐳🐳🐳	△4
🐟🐟🐟🐟🐟🐟	6

⇨ 4는 6보다 작습니다.

8 셔틀콕은 농구공보다 많습니다.
⇨ 4는 3보다 큽니다.

9 야구 방망이는 야구공보다 적습니다.
⇨ 6은 7보다 작습니다.

10 5는 7보다 작습니다.

11 8은 4보다 큽니다.

12~15 수를 1부터 순서대로 셀 때, 뒤의 수가 더 큽니다.

16~19 수를 1부터 순서대로 셀 때, 앞의 수가 더 작습니다.

20

3보다 큰 수 →

1 2 ③ 4 5 6

← 3보다 작은 수

3보다 큰 수는 4, 5, 6이고, 3보다 작은 수는 1, 2입니다.

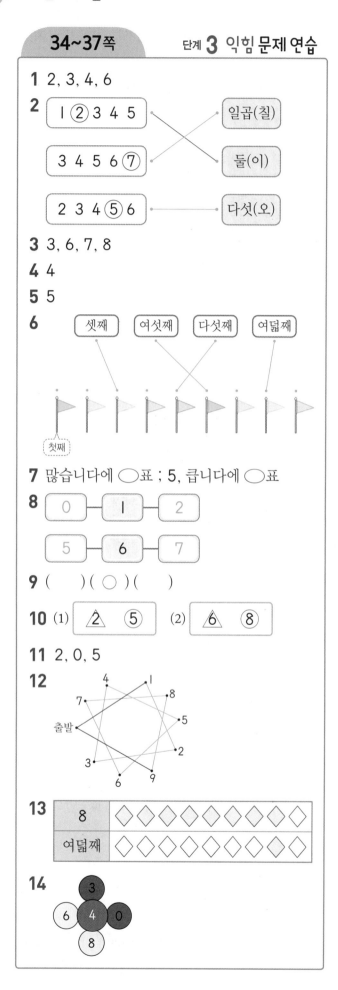

34~37쪽 단계 **3** 익힘 문제 연습

1 2, 3, 4, 6

2
1 ② 3 4 5		일곱(칠)
3 4 5 6 ⑦		둘(이)
2 3 4 ⑤ 6		다섯(오)

3 3, 6, 7, 8

4 4

5 5

6
셋째 여섯째 다섯째 여덟째

첫째

7 많습니다에 ○표 ; 5, 큽니다에 ○표

8
| 0 — 1 — 2 |
| 5 — 6 — 7 |

9 ( ) (○) ( )

10 (1) ② ⑤ (2) ⑥ ⑧

11 2, 0, 5

12
4 1
7 8
출발 5
3 2
6 9

13
| 8 | ◇◇◇◇◇◇◇◇◇ |
| 여덟째 | ◇◇◇◇◇◇◇◇◇ |

14
3
6 4 0
8

---

1 각각의 물건을 하나씩 가리키며 수를 세어 봅니다.
필통: 2개, 공책: 3권,
자: 4개, 연필: 6자루

2 7(일곱, 칠), 5(다섯, 오)

3 1부터 순서에 맞게 빈칸에 알맞은 수를 써넣습니다.

4 3보다 1만큼 더 큰 수는 3 바로 뒤의 수인 4입니다.

5 6보다 1만큼 더 작은 수는 6 바로 앞의 수인 5입니다.

6 왼쪽에서부터 첫째, 둘째, 셋째, ..., 아홉째입니다.

7 복숭아 : 7개, 참외 : 5개
복숭아와 참외를 하나씩 짝지어 보면 복숭아가 참외보다 많습니다.
⇨ 7은 5보다 큽니다.

8 • 1보다 1만큼 더 작은 수는 1 바로 앞의 수인 0이고, 1보다 1만큼 더 큰 수는 1 바로 뒤의 수인 2입니다.
• 6보다 1만큼 더 작은 수는 6 바로 앞의 수인 5이고, 6보다 1만큼 더 큰 수는 6 바로 뒤의 수인 7입니다.

9 7보다 1만큼 더 큰 수는 8이므로 체리가 8개인 것에 ○표 합니다.

10 (1) 2는 5보다 작습니다.
5는 2보다 큽니다.
(2) 6은 8보다 작습니다.
8은 6보다 큽니다.

11 펼친 손가락이 가위는 2개, 바위는 0개, 보는 5개입니다.

12 1, 2, 3, 4, 5, 6, 7, 8, 9의 순서대로 선으로 잇습니다.

13 8(여덟)은 수를 나타내므로 8개를 색칠하고, 여덟째는 순서를 나타내므로 여덟째에 있는 1개에만 색칠합니다.

14 0과 3은 4보다 작은 수이므로 빨간색으로 색칠하고, 6과 8은 4보다 큰 수이므로 노란색으로 색칠합니다.

38~40쪽   단계 **4** 단원 **평가**

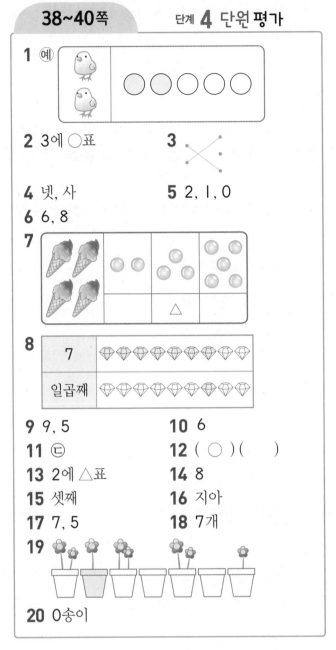

1 (예)

2 3에 ◯표   **3**

4 넷, 사   **5** 2, 1, 0

6 6, 8

7

8

7	💎💎💎💎💎💎💎
일곱째	💎💎💎💎💎💎💎

9 9, 5   **10** 6

11 ㉢   **12** (◯)(   )

13 2에 △표   **14** 8

15 셋째   **16** 지아

17 7, 5   **18** 7개

19

20 0송이

1 병아리를 세어 보면 하나, 둘이므로 ◯ 2개에 색칠합니다.

2 축구공이 하나, 둘, 셋이므로 3입니다.

3 수를 세어 보고, 바르게 읽은 것을 찾아 선으로 잇습니다.
⇨ 8(여덟, 팔), 7(일곱, 칠)

5 아무것도 없는 것을 0이라 합니다.

6 5 다음에는 6, 7 다음에는 8입니다.

7 아이스크림은 4개입니다.
⇨ 4보다 1만큼 더 작은 수는 3이므로 구슬 3개에 △표 합니다.

8 7(일곱)은 수를 나타내므로 7개를 색칠하고, 일곱째는 순서를 나타내므로 일곱째에 있는 1개에만 색칠합니다.

9 하나씩 짝지었을 때, 남는 쪽의 수가 더 큽니다.
⇨ 9는 5보다 큽니다.

10 애벌레는 5마리입니다.
5보다 1만큼 더 큰 수는 6입니다.

11 도토리는 6개입니다.
6 ⇨ 여섯, 육
참고 ㉢ 여덟 ⇨ 8

12 수를 순서대로 셀 때, 뒤의 수가 더 큽니다.

13 수를 순서대로 셀 때, 5보다 앞의 수가 5보다 작은 수입니다.

14 8은 7과 9 사이에 있는 수입니다.

15

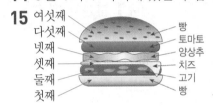

⇨ 치즈는 아래에서 셋째입니다.

16 수를 순서대로 놓으면 3, 4, 5, 6, 7입니다.

17 수의 순서를 거꾸로 쓴 것이므로
9, 8, 7, 6, 5, 4, 3, 2, 1입니다.

18 화분은 하나, 둘, 셋, 넷, 다섯, 여섯, 일곱이므로 모두 7개입니다.

20

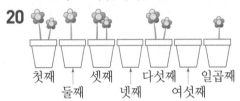

왼쪽에서 여섯째 화분에는 꽃이 피어 있지 않습니다. 아무것도 없는 것을 0이라 합니다.

41쪽   스스로학습장

1 3	**2** 셋, 삼
3 2	**4** 4
5 넷째	**6** 셋째

❷ 여러 가지 모양

학부모 지도 가이드 학생들이 일상생활에서 쉽게 접할 수 있는 도형은 공이나 블록 등의 입체도형입니다.

이에 따라 이 단원에서는 학생들에게 친숙한 문제 상황 속에서 ▦, ▤, ● 모양을 찾아보고 ▦, ▤, ● 모양의 특징을 직관적으로 파악하고 설명해 볼 수 있도록 지도합니다.

또한 직육면체, 원기둥, 구와 같은 이름은 사용하지 않고 학생들이 적당한 이름을 붙여 보고 직관적으로 받아들일 수 있도록 지도합니다.

45쪽　단계 1 교과서 개념

4 ▤에 ○표

1 ▦ 모양은 상자입니다.

2 ▤ 모양은 음료수 캔입니다.

3 ● 모양은 야구공입니다.

4 통조림 캔, 음료수 캔, 연필꽂이는 모두 ▤ 모양입니다.

47쪽　단계 1 교과서 개념

1 ⫶ ⤬

2 ▦에 ○표

3

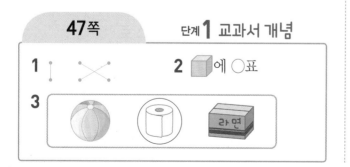

1 일부분을 보고 전체 모양을 찾아 선으로 잇습니다.

2 뾰족한 부분이 있고 잘 쌓을 수 있는 모양은 ▦ 모양입니다.

3 평평한 부분과 둥근 부분이 있으므로 ▤ 모양의 일부분입니다. ▤ 모양은 두루마리 휴지입니다.

참고 모양의 일부분을 보면 전체 모양을 알 수 있습니다.

◖ : ▦ 모양

◖ : ▤ 모양

◖ : ● 모양

48~49쪽　단계 2 개념 집중 연습

1

2

3

4

5

6 ⤬　　**7** 나, 마

8 다, 라　　**9** 가, 바

10

11

12

13

14

15 ⬜, ⚪에 ○표

16 ⬛, ⬜에 ○표

17 ⬜에 ○표

18

---

14 평평한 부분과 둥근 부분이 있으므로 ⬜ 모양입니다.

⬜ 모양은 김밥입니다.

15 잘 굴러가는 모양은 둥근 부분이 있는 ⬜ 모양, ⚪ 모양입니다.

16 평평한 부분이 있는 모양은 ⬛ 모양, ⬜ 모양입니다.

17 **15**와 **16**을 모두 만족하는 모양은 ⬜ 모양입니다.

> **참고** ⬛ 모양: 평평한 부분과 뾰족한 부분이 있고 잘 쌓을 수 있습니다.
>
> ⬜ 모양: 평평한 부분과 둥근 부분이 있습니다.
>
> ⚪ 모양: 평평한 부분과 뾰족한 부분이 없고 잘 굴러갑니다.

---

1 ⬛ 모양은 주사위입니다.

2 ⬛ 모양은 전자레인지입니다.

3 ⬜ 모양은 참치 통조림입니다.

4 ⬜ 모양은 필통입니다.

5 ⚪ 모양은 수박입니다.

6 같은 모양을 찾아 선으로 잇습니다.

7 ⬛ 모양: 책, 화장지

8 ⚪ 모양: 풍선, 비치볼

9 ⬜ 모양: 북, 연필꽂이

10 뾰족한 부분이 있으므로 ⬛ 모양입니다.

⬛ 모양은 상자입니다.

11 평평한 부분과 둥근 부분이 있으므로 ⬜ 모양입니다.

⬜ 모양은 두루마리 휴지입니다.

12 둥근 부분만 있으므로 ⚪ 모양입니다.

⚪ 모양은 골프공입니다.

13 뾰족한 부분이 있으므로 ⬛ 모양입니다.

⬛ 모양은 지우개입니다.

51쪽   단계**1** 교과서 개념

1 ⬜에 ○표   **2** ⚪에 ○표

3 ⬛에 ○표

4

---

1 ⬜ 모양을 모아 놓은 것입니다.

2 ⚪ 모양을 모아 놓은 것입니다.

3 ⬛ 모양을 모아 놓은 것입니다.

4 털실 뭉치는 ⚪ 모양입니다.

53쪽   단계**1** 교과서 개념

1 2개   **2** 3개

3 l개   **4** l개 ; 4개 ; 3개

1~3

중복되거나 빠뜨리지 않도록 표시하면서 세어 봅니다.

▢ 모양을 □표 하면서 세어 보면 2개입니다.

▢ 모양을 △표 하면서 세어 보면 3개입니다.

⬤ 모양을 ∨표 하면서 세어 보면 1개입니다.

4

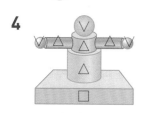

▢ 모양을 □표 하면서 세어 보면 1개입니다.

▢ 모양을 △표 하면서 세어 보면 4개입니다.

⬤ 모양을 ∨표 하면서 세어 보면 3개입니다.

54~55쪽 단계 **2 개념 집중 연습**

1 ▢에 ○표   **2** ▢에 ○표

3 ⬤에 ○표   **4** ▢에 ○표

5

6

7

8

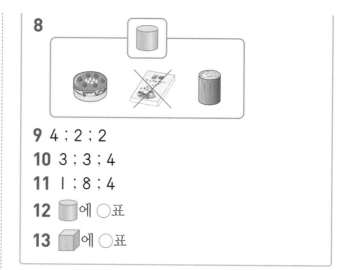

9 4 ; 2 ; 2

10 3 ; 3 ; 4

11 1 ; 8 ; 4

12 ▢에 ○표

13 ▢에 ○표

1 벽돌, 크레파스 상자, 공책은 ▢ 모양입니다.

2 선물 상자, 서랍장, 전자레인지는 ▢ 모양입니다.

3 야구공, 멜론, 방울은 ⬤ 모양입니다.

4 두루마리 휴지, 쿠키통, 북은 ▢ 모양입니다.

5 야구공: ⬤ 모양

6 분유통: ▢ 모양

7 롤케이크: ▢ 모양

8 공책: ▢ 모양

9

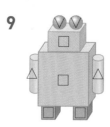

크기와 색은 생각하지 않고, 모양이 같은 것을 찾아 개수를 세어 봅니다.

▢ 모양을 □표 하면서 세어 보면 4개입니다.

▢ 모양을 △표 하면서 세어 보면 2개입니다.

⬤ 모양을 ∨표 하면서 세어 보면 2개입니다.

10 ▢ 모양: 3개, ▢ 모양: 3개, ⬤ 모양: 4개

11 ▢ 모양: 1개, ▢ 모양: 8개, ⬤ 모양: 4개

12 ⬛모양: 1개, 🔲모양: 8개, ⚪모양: 3개
⇨ 가장 많이 사용한 모양은 🔲 모양입니다.

13 ⬛모양: 4개, 🔲모양: 3개, ⚪모양: 2개
⇨ 가장 많이 사용한 모양은 ⬛ 모양입니다.

56~59쪽 　단계 **3** 익힘 **문제 연습**

1 (　)(　)(○)
2 (○)(　)(　)
3 (　)(○)(　)
4 | ✕
5 ✕
6 (○)(　)(　)
7 4개
8 (○)(　)(○)
9 ㉠
10

11 (　)(○)(○)
12 5개 ; 5개 ; 3개
13

---

1 축구공: ⚪ 모양, 보온병: 🔲 모양,
라면 상자: ⬛ 모양

2 풀: 🔲 모양, 전자레인지: ⬛ 모양,
풍선: ⚪ 모양

3 서랍장: ⬛ 모양, 농구공: ⚪ 모양,
연필꽂이: 🔲 모양

4 통나무, 연필꽂이: 🔲 모양
비치볼, 털실 뭉치: ⚪ 모양
세탁기, 선물 상자: ⬛ 모양

5 ◑ : 🔲 모양 ⇨ 과자 통
◵ : ⬛ 모양 ⇨ 비스킷 상자
◓ : ⚪ 모양 ⇨ 배구공

6 그림에서 사용된 모양은 ⬛ 모양입니다.

7

🔲 모양을 △표 하면서 세어 보면 4개입니다.

8 평평한 부분이 없는 ⚪ 모양은 쌓을 수 없습니다.

9 뾰족한 부분과 평평한 부분으로 이루어져 있는 것은 ⬛ 모양입니다.

11 그림에서 사용된 모양은 🔲 모양, ⚪ 모양입니다.

12
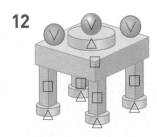
⬛ 모양을 □표 하면서 세어 보면 5개입니다.
🔲 모양을 △표 하면서 세어 보면 5개입니다.
⚪ 모양을 ∨표 하면서 세어 보면 3개입니다.

13 ⬛ 모양: 3개, 🔲 모양: 4개, ⚪ 모양: 2개
로 만든 모양을 찾아 선으로 잇습니다.

60~62쪽 단계 **4** 단원 평가

1 (○) (   ) (   )

2 ⬤에 ○표

3

4 ⬤에 ○표

5 ㉡

6 2개

7 ㉢, ㉣, ㉺

8 (   ) (○) (   )

9 가

10 4개

11 3, 4, 3

12 3개

13 ㉠

14 ㉢

15 ㉠, ㉺

16 ㉡, ㉣

17 현수

18 🛢에 ○표

19 7개

20 ㉠

---

1 분유통: 🛢 모양

축구공: ⬤ 모양

2 농구공은 ⬤ 모양입니다.

3 음료수 캔은 🛢 모양, 상자는 🔲 모양,

수박은 ⬤ 모양입니다.

4 털실 뭉치, 구슬, 배구공은 ⬤ 모양입니다.

5 ⬤ 모양은 ㉡입니다.

6 🔲 모양: ㉠, ㉹ ⇨ 2개

7 두루마리 휴지, 탬버린, 통조림 캔은 🛢 모양입니다.

8 서랍장, 동화책: 🔲 모양

볼링공: ⬤ 모양

9 ⬤ 모양이 가에는 3개 있고, 나에는 한 개도 없습니다.

10 나에는 🛢 모양 4개가 있습니다.

11

🔲 모양을 □표 하면서 세어 보면 3개입니다.

🛢 모양을 △표 하면서 세어 보면 4개입니다.

⬤ 모양을 ▽표 하면서 세어 보면 3개입니다.

12 🔲 모양: 지우개, 필통, 과자 상자 ⇨ 3개

🛢 모양: 음료수 캔 ⇨ 1개

⬤ 모양: 야구공, 멜론 ⇨ 2개

13 평평한 부분과 둥근 부분이 다 있으므로 🛢 모양입니다.

14 뾰족한 부분이 있으므로 🔲 모양입니다.

15 여러 방향으로 잘 굴러가는 물건은 ⬤ 모양입니다. ⬤ 모양인 물건은 ㉠, ㉺입니다.

16 분유통은 🛢 모양입니다. 🛢 모양인 물건은 ㉡, ㉣입니다.

17 도장은 🛢 모양입니다. 🛢 모양은 둥근 부분과 평평한 부분이 있습니다.

18 🔲 모양, ⬤ 모양을 사용하여 만든 모양입니다.

⇨ 사용하지 않은 모양은 🛢 모양입니다.

19 🔲 모양: 4개, 🛢 모양: 7개, ⬤ 모양: 5개

⇨ 🛢 모양을 가장 많이 사용했습니다.

20 🔲 모양을 4개로 가장 적게 사용했습니다.

63쪽 스스로 학습장

1 ○ **2** ×

3 × **4** ○

5 × **6** ×

7 ○ **8** ○

❸ 덧셈과 뺄셈

학부모 지도 가이드 일상생활의 다양한 상황 속에서 이야기를 만들어 보고 직접 더하거나 빼는 등의 활동을 통해 덧셈과 뺄셈이 필요한 상황을 설명해 줍니다.

모으기와 가르기를 통해 덧셈과 뺄셈의 의미를 이해시키고 '+', '−', '=' 기호의 뜻과 이를 이용한 덧셈식, 뺄셈식을 쓰고 읽는 법을 정확히 지도합니다.

0이 있는 덧셈식과 뺄셈식을 계산하는 방법과 덧셈과 뺄셈의 유용성을 이해시키고 상황에 적합한 덧셈식과 뺄셈식을 나타낼 수 있도록 지도합니다.

67쪽	단계 1 교과서 개념
1 4	**2** 5
3 4	**4** 5

1 파란색 우산 1개와 노란색 우산 3개를 모으면 4개입니다.
2 초록색 모자 3개와 빨간색 모자 2개를 모으면 5개입니다.
3 3과 1을 모으면 4가 됩니다.
4 1과 4를 모으면 5가 됩니다.

69쪽	단계 1 교과서 개념
1 2	**2** 4
3 1	**4** 3

1 물고기 4마리는 2마리와 2마리로 가를 수 있습니다.
2 물고기 5마리는 1마리와 4마리로 가를 수 있습니다.
> 참고 그림을 보고 물고기의 수를 세어 가르기 할 수 있습니다.

3 4는 3과 1로 가를 수 있습니다.
4 5는 2와 3으로 가를 수 있습니다.

70~71쪽	단계 2 개념 집중 연습
1 3	**2** 4
3 (위부터) 3, 5	**4** 2
5 3	**6** 4
7 5	**8** 5
9 4	**10** 5
11 5	**12** 1
13 1	**14** (왼쪽부터) 3, 1
15 2	**16** 2
17 3	**18** 1
19 4	**20** 2
21 1	**22** 3

1 1과 2를 모으면 3이 됩니다.
2 3과 1을 모으면 4가 됩니다.
3 2와 3을 모으면 5가 됩니다.
4 1과 1을 모으면 2가 됩니다.
5 2와 1을 모으면 3이 됩니다.
6 1과 3을 모으면 4가 됩니다.
7 2와 3을 모으면 5가 됩니다.
8 4와 1을 모으면 5가 됩니다.
9 2와 2를 모으면 4가 됩니다.
10 3과 2를 모으면 5가 됩니다.
11 1과 4를 모으면 5가 됩니다.
12 2는 1과 1로 가를 수 있습니다.
13 3은 2와 1로 가를 수 있습니다.
14 4는 3과 1로 가를 수 있습니다.
15 3은 1과 2로 가를 수 있습니다.
16 4는 2와 2로 가를 수 있습니다.
17 4는 1과 3으로 가를 수 있습니다.
18 2는 1과 1로 가를 수 있습니다.
19 5는 1과 4로 가를 수 있습니다.
20 5는 2와 3으로 가를 수 있습니다.
21 5는 4와 1로 가를 수 있습니다.
22 5는 3과 2로 가를 수 있습니다.

73쪽 　단계 1 교과서 개념

1 (위부터) 3, 7　　**2** (위부터) 2, 8
3 6　　　　　　　**4** 8
5 8　　　　　　　**6** 7
7 9

1 사탕 4개와 3개를 모으면 7개입니다.
2 초콜릿 6개와 2개를 모으면 8개입니다.
3 1과 5를 모으면 6이 됩니다.
4 4와 4를 모으면 8이 됩니다.
5 7과 1을 모으면 8이 됩니다.
6 2와 5를 모으면 7이 됩니다.
7 6과 3을 모으면 9가 됩니다.

75쪽 　단계 1 교과서 개념

1 3　　　　　　　**2** 2
3 3　　　　　　　**4** 5
5 6　　　　　　　**6** 2

1 색연필 8자루는 5자루와 3자루로 가를 수 있습니다.
2 크레파스 6개는 2개와 4개로 가를 수 있습니다.
3 7은 4와 3으로 가를 수 있습니다.
4 8은 3과 5로 가를 수 있습니다.
5 7은 1과 6으로 가를 수 있습니다.
6 9는 7과 2로 가를 수 있습니다.

76~77쪽 　단계 2 개념 집중 연습

1 6　　　　　　　**2** (위부터) 3, 7
3 (위부터) 4, 9　　**4** 6
5 6　　　　　　　**6** 7
7 7　　　　　　　**8** 8
9 9　　　　　　　**10** 9
11 9　　　　　　　**12** 5
13 (왼쪽부터) 4, 4　**14** (왼쪽부터) 6, 3

15 1　　　　　　　**16** 4
17 6　　　　　　　**18** 4
19 6　　　　　　　**20** 1
21 4　　　　　　　**22** 7

1 2와 4를 모으면 6이 됩니다.
2 4와 3을 모으면 7이 됩니다.
3 5와 4를 모으면 9가 됩니다.
4 3과 3을 모으면 6이 됩니다.
5 5와 1을 모으면 6이 됩니다.
6 2와 5를 모으면 7이 됩니다.
7 1과 6을 모으면 7이 됩니다.
8 6과 2를 모으면 8이 됩니다.
9 8과 1을 모으면 9가 됩니다.
10 3과 6을 모으면 9가 됩니다.
11 7과 2를 모으면 9가 됩니다.
12 구슬 7개는 5개와 2개로 가를 수 있습니다.
13 구슬 8개는 4개와 4개로 가를 수 있습니다.
14 구슬 9개는 6개와 3개로 가를 수 있습니다.
15 6은 5와 1로 가를 수 있습니다.
16 6은 4와 2로 가를 수 있습니다.
17 7은 1과 6으로 가를 수 있습니다.
18 7은 4와 3으로 가를 수 있습니다.
19 8은 2와 6으로 가를 수 있습니다.
20 8은 1과 7로 가를 수 있습니다.

79쪽 　단계 1 교과서 개념

1 3　　　　　　　**2** 5
3 3　　　　　　　**4** 3, 4

81쪽 　단계 1 교과서 개념

1 4 ; 4　　　　　　**2** 6 ; 6
3 더하기 ; 합
4 4 ; 2 더하기 2는 4와 같습니다.
　　(또는 2와 2의 합은 4입니다.)

1 물고기 3마리와 1마리를 더하면 모두 4마리입니다.

2 사슴 3마리와 3마리를 더하면 모두 6마리입니다.

3 1+6=7 ⇨ ┌ 1 더하기 6은 7과 같습니다.
　　　　　　 └ 1과 6의 합은 7입니다.

82~83쪽　단계 **2** 개념 집중 연습

1 7　　　　　　　**2** 3, 4
3 4, 6　　　　　**4** 3
5 2　　　　　　**6** 4, 1
7 5 ; 5　　　　**8** 5 ; 2, 5
9 7 ; 3, 7　　**10** 더하기 ; 합
11 더하기 ; 합　**12** 더하기 ; 합, 7
13 더하기, 9 ; 합, 9

7 곰 인형 4개와 토끼 인형 1개를 더하면 모두 5개입니다.

8 장미 3송이와 튤립 2송이를 더하면 모두 5송이입니다.

9 사과 4개와 3개를 더하면 모두 7개입니다.

10 ●+▲=■
　⇨ ┌ ● 더하기 ▲는 ■와 같습니다.
　　 └ ●와 ▲의 합은 ■입니다.

85쪽　단계 **1** 교과서 개념

1 (1) 예
　　　(2) 6

2 4, 4　　　　　**3** 9, 9

1 나뭇가지에 참새가 3마리 있었는데 3마리가 더 날아와서 모두 6마리입니다.

2 아이스크림 1개와 3개를 더하면 모두 4개입니다.

3 사탕 4개와 5개를 더하면 모두 9개입니다.

87쪽　단계 **1** 교과서 개념

1 8 ; 8　　　　　**2** 9 ; 5, 9
3 3, 4, 5　　　**4** 6, 7, 8

1 1과 7을 모으면 8이므로 고리는 모두 8개입니다.

2 4와 5를 모으면 9이므로 고리는 모두 9개입니다.

88~89쪽　단계 **2** 개념 집중 연습

1 예　　　　　　　　　; 4, 6

2 예　　　　　　　　　; 2, 5

3 예　　　　　　　　　; 3, 9

4 1, 3 ; 2, 3　　　**5** 1, 6 ; 5, 6
6 4, 6 ; 2, 6　　　**7** 4 ; 4
8 7 ; 5, 7　　　　**9** 8 ; 3, 8
10 5 ; 5　　　　　**11** 8 ; 2, 8
12 4, 5, 6　　　　**13** 7, 8, 9

1 참새 2마리와 4마리를 더하면 모두 6마리입니다. ⇨ 2+4=6

2 여자 어린이 3명과 남자 어린이 2명을 더하면 모두 5명입니다. ⇨ 3+2=5

3 왼쪽 배에 탄 어린이 6명과 오른쪽 배에 탄 어린이 3명을 더하면 모두 9명입니다.
　⇨ 6+3=9

4 화살 2개가 꽂혀있고 1개가 더 날아오면 모두 3개가 됩니다. ⇨ 2+1=3

5 검은 바둑돌 5개와 흰 바둑돌 1개를 더하면 모두 6개입니다. ⇨ 5+1=6

정답 및 풀이

6 버스에 타 있는 사람 2명과 버스에 탈 사람 4명을 더하면 모두 6명입니다. ⇨ 2+4=6

7 3과 1을 모으면 4이므로 방석은 모두 4개입니다. ⇨ 3+1=4

8 2와 5를 모으면 7이므로 거울은 모두 7개입니다. ⇨ 2+5=7

9 5와 3을 모으면 8이므로 칫솔은 모두 8개입니다. ⇨ 5+3=8

10 1과 4를 모으면 5이므로 1+4=5입니다.

11 6과 2를 모으면 8이므로 6+2=8입니다.

91쪽 단계1 교과서 개념

1 1 ; 1　　　　　**2** 2 ; 2
3 빼기 ; 차
4 6 ; 8 빼기 2는 6과 같습니다.
　　(또는 8과 2의 차는 6입니다.)

---

1 셔틀콕은 배드민턴 라켓보다 1개 더 많습니다.

2 탁구공은 탁구채보다 2개 더 많습니다.

3 6−4=2 ⇨ ┌ 6 빼기 4는 2와 같습니다.
　　　　　　└ 6과 4의 차는 2입니다.

93쪽 단계1 교과서 개념

1 (1) 예)
　　〇〇〇〇〇/〇/〇/　　(2) 3

2 3, 1　　　　**3** 6, 2

---

1 (1) 꺼낸 금붕어가 3마리이므로 〇 3개를 지웁니다.
　　(2) 〇 6개 중 3개를 /으로 지우고 나면 〇가 3개 남습니다. ⇨ 6−3=3

2 배 4개 중에서 3개를 덜어 내면 1개가 남습니다.

3 하늘색 구슬은 분홍색 구슬보다 2개 더 많습니다.

95쪽 단계1 교과서 개념

1 2 ; 2
2 1, 5 ; 1, 5
3 4, 3, 2
4 8, 7, 6

---

1 5는 3과 2로 가를 수 있으므로 남은 사과는 2개입니다.

2 6은 1과 5로 가를 수 있으므로 남은 복숭아는 5개입니다.

96~97쪽 단계2 개념 집중 연습

1 예)
　〇 〇 /　　　　; 1, 2

2 예)
　〇 〇 〇 / /　　; 2, 3

3 예)
　/ / / / / /　　; 5, 1

4 2, 2　　　　**5** 3, 3
6 4, 1　　　　**7** 2, 4
8 1 ; 1　　　　**9** 2 ; 2
10 4 ; 5, 4　　**11** 1 ; 1
12 2 ; 2　　　**13** 6, 5, 4
14 6, 5, 4

---

1 터진 풍선의 수는 1개이므로 〇를 /으로 1개 지우면 〇는 2개가 남습니다.
　⇨ 3−1=2

2 터진 풍선의 수는 2개이므로 〇를 /으로 2개 지우면 〇는 3개가 남습니다.
　⇨ 5−2=3

3 터진 풍선의 수는 5개이므로 〇를 /으로 5개 지우면 〇는 1개가 남습니다.
　⇨ 6−5=1

6 솜사탕을 하나씩 짝지어보면 분홍색 솜사탕이 하늘색 솜사탕보다 1개 더 많습니다.
⇨ 5-4=1

7 솜사탕을 하나씩 짝지어보면 분홍색 솜사탕이 하늘색 솜사탕보다 4개 더 많습니다.
⇨ 6-2=4

8 4는 3과 1로 가를 수 있으므로 흰 바둑돌은 1개입니다.
⇨ 4-3=1

9 6은 4와 2로 가를 수 있으므로 흰 바둑돌은 2개입니다.
⇨ 6-4=2

10 9는 5와 4로 가를 수 있으므로 흰 바둑돌은 4개입니다.
⇨ 9-5=4

11 3은 2와 1로 가를 수 있으므로 3-2=1입니다.

12 7은 5와 2로 가를 수 있으므로 7-5=2입니다.

99쪽 　단계**1** 교과서 개념

1 5　　　　　**2** 5
3 0

1 왼손에는 구슬이 없고 오른손에는 구슬 5개가 있으므로 0+5=5입니다.

2 쿠키 5개 중에서 한 개도 먹지 않았으므로 5-0=5입니다.

> **참고** · (어떤 수)+0=(어떤 수)
> · 0+(어떤 수)=(어떤 수)
> · (어떤 수)-0=(어떤 수)
> · (전체)-(전체)=0

101쪽 　단계**1** 교과서 개념

1 5, 5, 5　　　　**2** 3, 3, 3

3

4+1	2+2	6+0
0+8	3+4	2+5
4+3	2+3	1+7

4

5-2	3-1	9-5
8-6	6-3	4-1
4-0	5-4	2-0

5 6-0, 1+5에 ○표

5 3+2=5, 4+3=7, 7-2=5

102~103쪽 　단계**2** 개념 집중 연습

1 2　　　　　**2** 4
3 3　　　　　**4** 5
5 3　　　　　**6** 0, 6
7 0　　　　　**8** 3, 0
9 6, 6, 6　　　**10** 8, 8, 8
11 1, 1, 1　　　**12** 3, 3, 3

13

⬭6+3	4+4	1+7
	0+6	2+5
7+1	⬭8+1	⬭3+6
⬭4+5		5+3
2+4	⬭0+9	8+0

14

7-4	8-1	6-3
	7-0	△5-0
△8-3	6-4	9-3
	4-1	8-2
9-2	△9-4	△6-1

15 예 1+1=2 ; 예 2-0=2

1 왼쪽 접시에는 쿠키 2개가 있고 오른쪽 접시에는 쿠키가 없으므로 $2+0=2$입니다.

2 왼쪽 접시에는 사탕이 없고 오른쪽 접시에는 사탕 4개가 있으므로 $0+4=4$입니다.

3 왼쪽 꽃병에는 꽃이 없고 오른쪽 꽃병에는 꽃 3송이가 있으므로 $0+3=3$입니다.

4 왼쪽 화분에는 꽃 5송이가 있고 오른쪽 화분에는 꽃이 없으므로 $5+0=5$입니다.

5 복숭아 3개 중에서 한 개도 먹지 않았으므로 $3-0=3$입니다.

6 딸기 6개 중에서 한 개도 먹지 않았으므로 $6-0=6$입니다.

7 사과 1개 중에서 1개를 먹었으므로 $1-1=0$입니다.

8 수박 3조각 중에서 3조각을 먹었으므로 $3-3=0$입니다.

15 • 합이 2가 되는 덧셈식:
$1+1=2$, $2+0=2$, $0+2=2$
 • 차가 2인 뺄셈식:
$2-0=2$, $3-1=2$, $4-2=2$,
$5-3=2$, ...

104~107쪽 단계 **3** 익힘 문제 연습

1 5 **2** 6, 3 (또는 3, 6)
3 2, 5 **4** 7 ; 7
5 예

| ◯ | ◯ | ◯ | ◯ | ◯ |
| ◯ | ◯ | | | |

 ; 3, 7
6 5 ; 4, 5 **7** 5 ; 빼기, 5
8 4 ; 4, 4
9 (1) 8 ; 2, 8 (2) 1 ; 6, 1
10 (1) 6 (2) 0, 6 **11**
12 (1) 0 (2) 7

13 (1) 4, 2 (2) 3, 5
14 (1) + (2) −
15

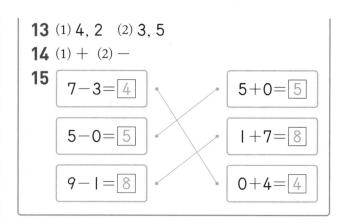

$7-3=\boxed{4}$		$5+0=\boxed{5}$
$5-0=\boxed{5}$		$1+7=\boxed{8}$
$9-1=\boxed{8}$		$0+4=\boxed{4}$

1 호박 2개와 3개를 모으면 5개입니다.

2 모자 9개는 6개와 3개로 가를 수 있습니다.

4 파란 공깃돌이 2개, 빨간 공깃돌이 5개이므로 공깃돌은 모두 7개입니다.
 ⇨ $2+5=7$

5 새 4마리가 나뭇가지에 앉아 있고 3마리가 더 날아왔으므로 $4+3=7$입니다.

6 화살 1개가 꽂혀있고 4개가 더 날아오면 모두 5개가 됩니다.
 ⇨ $1+4=5$

7 연필이 지우개보다 5자루 더 많습니다.
 ⇨ $9-4=5$

8 귤 8개 중에서 4개를 빼면 4개가 남습니다.
 ⇨ $8-4=4$

9 (1) 6과 2를 모으면 8이므로 $6+2=8$입니다.
 (2) 6은 5와 1로 가를 수 있으므로 $6-5=1$입니다.

10 도미노의 점의 수를 세어 덧셈을 합니다.

11 덜어 내거나 지우는 것, 두 물건의 차를 알아보는 그림이므로 뺄셈식으로 나타냅니다.

13 (1) ◯의 수에서 /으로 지우고 남은 ◯의 수를 구하는 그림입니다.
 ⇨ $6-4=2$
 (2) 주황색 구슬이 연두색 구슬보다 몇 개 더 많은지 알아보는 그림입니다. 하나씩 연결해 보면 남은 주황색 구슬의 수는 $8-3=5$(개)입니다.

14 (1) $0+6=6$ (2) $5-5=0$

1

2 5, 2

3 8

4 빼기 ; 차

5 예 ⬭⬭⬭⬭⬭ / ⬭⬭ ; 3, 7

6 2, 6 ; 4 더하기 2는 6과 같습니다.
　　(또는 4와 2의 합은 6입니다.)

7 9 ; 6, 9　　　　**8** 4 ; 4

9 4, 2　　　　　　**10** 8, 6, 2

11 1, 4, 5 (또는 4, 1, 5)

12 6, 3, 3

13 4

14 0, 3, 3 (또는 3, 0, 3)

15 ⟨선 잇기⟩　　　**16** 6

17 +　　　　　　**18** −

19 7개　　　　　　**20** 8, 5, 3

1 돌고래 3마리와 2마리를 모으면 5마리가 되므로 ○를 5개 그립니다.

2 7은 5와 2로 가를 수 있습니다.

3 5와 3을 모으면 8이 됩니다.

4 ● − ▲ = ■
　⇨ ┌ ● 빼기 ▲는 ■와 같습니다.
　　└ ●와 ▲의 차는 ■입니다.

5 참외는 3개이므로 ○를 3개 더 그리면 모두 7개가 됩니다.
　⇨ 4+3=7

6 나뭇가지 위에 새 4마리가 앉아 있고 2마리가 더 날아왔으므로 4와 2를 더합니다.
　⇨ 4+2=6

7 3과 6을 모으면 9가 됩니다.
　⇨ 3+6=9

8 9는 5와 4로 가를 수 있습니다.
　⇨ 9−5=4

10 8−6=2
　⇨ ┌ 8 빼기 6은 2와 같습니다.
　　└ 8과 6의 차는 2입니다.

11 공은 모두 몇 개인지 알아보는 그림입니다.
　⇨ 1+4=5

12 우체통의 수와 편지 봉투의 수의 차를 알아보는 그림입니다.
　⇨ 6−3=3

13 4−0=4

14 왼손에는 구슬이 없고 오른손에는 구슬 3개가 있으므로 0+3=3입니다.

16 1과 5를 모으면 6, 4와 2를 모으면 6, 3과 3을 모으면 6이므로 6을 가르기 한 것입니다.

19 (남은 사탕의 수)
　=(처음 사탕의 수)−(동생에게 준 사탕의 수)
　=9−2=7(개)

20 검은 바둑돌: 8개, 흰 바둑돌: 5개
　⇨ 검은 바둑돌이 흰 바둑돌보다
　　8−5=3(개) 더 많습니다.

1 2+4=6 (또는 4+2=6)

2 ┌ 2 더하기 4는 6과 같습니다.
　└ 2와 4의 합은 6입니다.
　(또는 ┌ 4 더하기 2는 6과 같습니다.)
　(　　　└ 4와 2의 합은 6입니다. 　　)

3 4−2=2

4 ┌ 4 빼기 2는 2와 같습니다.
　└ 4와 2의 차는 2입니다.

❹ 비교하기

학부모 지도 가이드 일상생활 속에서 찾을 수 있는 대상들을 비교해 보는 단원입니다. 측정값을 통한 정확한 비교하기 이전에 관찰과 구체물 조작을 통하여 직관적으로 길이, 무게, 넓이, 들이를 비교할 수 있도록 지도합니다.
그 과정에서 양에 대한 개념과 다양한 용어('길다, 짧다', '무겁다, 가볍다', '넓다, 좁다' 등)를 익히고 양감을 길러 측정을 이해하는 데 기초를 쌓을 수 있게 합니다.

115쪽　　　단계 1 교과서 개념

1 (1) 깁니다에 ◯표　(2) 짧습니다에 ◯표
2 (◯)
　(　)
3 (◯)
　(　)
4 (◯)
　(△)
　(　)

1 (1) 왼쪽 끝이 맞추어져 있으므로 오른쪽이 남는 자가 더 깁니다.
　(2) 왼쪽 끝이 맞추어져 있으므로 오른쪽이 모자라는 색연필이 더 짧습니다.

2 볼펜이 연필보다 더 깁니다.

3 형광펜이 지우개보다 더 깁니다.

4 왼쪽 끝이 맞추어져 있으므로 오른쪽이 가장 많이 남는 것이 가장 깁니다.
　➪ 자가 가장 길고 풀이 가장 짧습니다.
　참고 한쪽 끝을 맞추어 맞대어 비교합니다.
　다른 쪽 끝이 가장 많이 남는 것이 가장 깁니다.

117쪽　　　단계 1 교과서 개념

1 (◯) (　)
2 (　) (◯)
3 선호
4 국기 게양대

1 아래쪽이 맞추어져 있으므로 위쪽을 비교합니다. 왼쪽 건물이 오른쪽 건물보다 더 높습니다.

2 병원이 학교보다 더 높습니다.

3 아래쪽이 맞추어져 있으므로 위쪽을 비교하면 선호가 별아보다 키가 더 큽니다.

4 시소보다 철봉이 더 높고, 철봉보다 국기 게양대가 더 높습니다. 따라서 국기 게양대가 가장 높습니다.
　주의 높이를 비교할 때에는 '높다', '낮다'로 나타내고, 키를 비교할 때에는 '크다', '작다'로 나타냅니다.

119쪽　　　단계 1 교과서 개념

1 (1) 무겁습니다에 ◯표
　(2) 가볍습니다에 ◯표
2 (◯) (　)
3 (　) (◯)
4 (　) (△)
5 (△) (　)

1 (1) 책상은 의자보다 더 무겁습니다.
　(2) 의자는 책상보다 더 가볍습니다.

2 자동차가 자전거보다 더 무겁습니다.

3 전화기가 지우개보다 더 무겁습니다.

4 연필이 국어사전보다 더 가볍습니다.

5 새우가 고래보다 더 가볍습니다.

120~121쪽 단계 **2** 개념 **집중 연습**

1 (　　)　　　　**2** (○)
　　(○)　　　　　　(　　)
3 (○)　　　　**4** (○)
　　(　　)　　　　　　(　　)
5 (　　)　　　　**6** (　　)
　　(○)　　　　　　(△)
7 (△)
　　(　　)
8 (○)(　　)
9 (　　)(○)
10 (○)(　　)
11 (　　)(△)
12 (△)(　　)
13 (○)(　　)
14 (　　)(○)
15 (○)(　　)
16 (○)(　　)
17 (　　)(○)
18 (1)(3)(2)
19 (2)(3)(1)

1 왼쪽 끝이 맞추어져 있으므로 오른쪽이 남는 치약이 더 깁니다.

5 뱀이 애벌레보다 더 깁니다.

6 왼쪽 끝이 맞추어져 있으므로 오른쪽 끝을 비교해 보면 칼이 가위보다 더 짧습니다.

7 왼쪽 끝이 맞추어져 있으므로 오른쪽 끝을 비교해 보면 장미가 해바라기보다 더 짧습니다.

8 왼쪽 블록은 오른쪽 블록보다 더 높습니다.

9 오른쪽 철봉은 왼쪽 철봉보다 더 높습니다.

10 서랍장은 책상보다 더 높습니다.

11 양은 기린보다 키가 더 작습니다.

12 다은이는 지효보다 키가 더 작습니다.

13 하마가 다람쥐보다 더 무겁습니다.

14 농구공이 풍선보다 더 무겁습니다.

17 냉장고가 휴대 전화보다 더 무겁습니다.

18 무거운 것부터 순서대로 쓰면 망치, 가위, 클립 입니다.

19 무거운 것부터 순서대로 쓰면 에어컨, 선풍기, 부채입니다.

123쪽 단계 **1** 교과서 개념

1 (1) 넓습니다에 ○표　　(2) 좁습니다에 ○표
2 (　　)(○)　　　　**3** (○)(　　)
4 (　　)(△)　　　　**5** (△)(　　)

1 (2) 두 물건을 겹쳐 맞대어 보면 공책이 신문보 다 더 좁습니다.

2 오른쪽 동전이 왼쪽 동전보다 더 넓습니다.

3 동화책이 색종이보다 더 넓습니다.

　참고 한쪽 끝을 맞추어 겹쳤을 때 더 많이 남는 쪽이 더 넓습니다.

125쪽 단계 **1** 교과서 개념

1 (1) 적습니다에 ○표　　(2) 많습니다에 ○표
2 (　　)(○)
3 (　　)(○)
4 (○)(△)(　　)

1 두 그릇의 모양과 크기가 같으므로 물의 높이 를 비교합니다.

　참고 두 그릇의 모양과 크기가 같을 때에는 물의 높이를 비교합니다. 담긴 물의 높이가 높을수록 담긴 물의 양이 많습니다.

2~3 그릇의 크기가 클수록 담을 수 있는 양이 많습니다.

4 그릇의 크기가 클수록 담을 수 있는 양이 많 으므로 욕조에 담을 수 있는 양이 가장 많고, 컵에 담을 수 있는 양이 가장 적습니다.

정답 및 풀이

126~127쪽 · 단계 2 개념 집중 연습

1 (○)(   )   2 (   )(○)
3 (○)(   )   4 (   )(○)
5 (○)(   )   6 (   )(△)
7 (△)(   )   8 (△)(   )
9 (△)(   )   10 (   )(△)
11 (○)(   )   12 (   )(   )
13 (○)(   )   14 (   )(○)
15 (○)(   )
16 (   )(△)(○)
17 (○)(△)(   )
18 (   )(△)(○)
19 (△)(   )(○)
20 (○)(△)(   )

4 운동장이 교실보다 더 넓습니다.

5 축구 골대가 농구 골대보다 더 넓습니다.

6 알림장이 스케치북보다 더 좁습니다.

7 손수건이 수건보다 더 좁습니다.

8 왼쪽 창문이 오른쪽 창문보다 더 좁습니다.

9 휴대 전화가 모니터보다 더 좁습니다.

10 화장실이 거실보다 더 좁습니다.

11 욕조가 그릇보다 담을 수 있는 양이 더 많습니다.

12 주전자가 컵보다 담을 수 있는 양이 더 많습니다.

13 두 컵의 크기와 모양이 같으므로 담긴 물의 높이를 비교합니다. 왼쪽 컵의 물의 높이가 더 높으므로 왼쪽 컵에 담긴 물의 양이 더 많습니다.

14 두 컵의 크기와 모양이 같으므로 담긴 물의 높이를 비교합니다. 오른쪽 컵의 물의 높이가 더 높으므로 오른쪽 컵에 담긴 물의 양이 더 많습니다.

15 두 컵에 담긴 물의 높이가 같으므로 컵의 크기가 더 큰 왼쪽 컵에 담긴 물의 양이 더 많습니다.

16~20 그릇의 크기가 클수록 담을 수 있는 양이 많습니다.

128~131쪽 · 단계 3 익힘 문제 연습

1 (   )
 (○)
2 (1) (○)(   )   (2) (   )(○)
3 (1) (○)(   )   (2) (○)(   )
4 (1) (△)(   )   (2) (△)(   )
5 (1) (△)(   )   (2) (△)(   )
6 (1) (○)(   )   (2) (○)(   )
7 (1) (   )(△)   (2) (△)(   )
8 (△)(   )(○)
9 (△)(   )(○)
10 (   )(△)(○)
11 (   )(△)(○)
12 (○)
 (   )
13 (   )(○)(   )(○)
14 (2)(1)(3)
15 예 우리 학교 운동장
16 (   )(   )(○)

7 그릇의 크기가 작을수록 담을 수 있는 양이 적습니다.

8 필통이 가장 길고 지우개가 가장 짧습니다.

9 가방이 가장 무겁고 지우개가 가장 가볍습니다.

10 세 물건을 겹쳐 맞대어 보면 스케치북이 가장 넓고, 우표가 가장 좁습니다.

11 통의 크기가 클수록 담을 수 있는 양이 많습니다.

13 장미보다 더 긴 꽃은 튤립과 해바라기입니다.

14 그릇의 모양과 크기가 모두 같으므로 물의 높이를 비교합니다. 담긴 물의 높이가 높을수록 담긴 물의 양이 많습니다.

15 우리 학교 운동장, 강당 등 여러 가지가 답이 될 수 있습니다.

132~134쪽 단계 **4** 단원 **평가**

1 (○)
2 (○)( )
( )

3 짧습니다에 ○표

4 많습니다에 ○표

5 (△)
( )
6

7
8 현성

9 ( )( )(○)

10 딸기

11 (△)( )(○)

12 (△)
( )
(○)

13 (△)( )(○)

14 ㉯, ㉰
15 ㉮, ㉴

16 ㉴
17 ㉯, ㉰, ㉮, ㉴

18 (1)(3)(2)

19

20 지호

3 왼쪽 끝이 맞추어져 있으므로 오른쪽 끝을 비교 합니다.

6 두 모양을 겹쳐 맞대어 보면 왼쪽이 더 좁습니다.

7 큰 가방이 작은 가방보다 더 무겁습니다.

8 현성이가 지헌이보다 키가 더 작습니다.

9 크기가 클수록 담을 수 있는 우유의 양이 많습 니다.

10 가벼운 과일부터 차례대로 쓰면 딸기, 사과, 수박이므로 가장 가벼운 과일은 딸기입니다.

11 세탁기가 가장 무겁고, 휴대 전화가 가장 가볍 습니다.

12 양쪽 끝이 맞추어져 있으므로 많이 구부러져 있을수록 깁니다.

13 겹쳐 맞대어 보았을 때 가장 많이 남는 것이 가장 넓고 가장 많이 모자라는 것이 가장 좁습 니다.

14 ㉮의 꼭대기에 맞춰 그은 선보다 꼭대기가 위 에 있는 산은 ㉯, ㉰입니다.

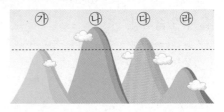

15 ㉰의 꼭대기에 맞춰 그은 선보다 꼭대기가 아래 에 있는 산은 ㉮, ㉴입니다.

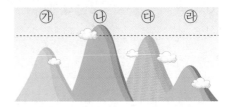

16 낮은 산부터 차례대로 쓰면 ㉴, ㉮, ㉰, ㉯입 니다. 따라서 가장 낮은 산은 ㉴입니다.

18 가장 왼쪽 그릇에 물이 가장 많이 담겨 있고 가운데 그릇에 물이 가장 적게 담겨 있습니다.

20 준희는 현아보다 무겁고, 지호는 현아보다 가벼우므로 몸무게가 가벼운 순서대로 써 보면 지호, 현아, 준희입니다. 따라서 몸무게가 가장 가벼운 사람은 지호입니다.

135쪽 스스로학습장

1 × ; × ; ○
2 ○ ; × ; ○

1 길이를 비교할 때에는 '길다', '짧다'로 나타냅 니다.

❺ 50까지의 수

> **학부모 지도 가이드** 이 단원에서는 1단원에서 배운 9까지의 수의 범위를 확장하여 50까지의 수를 바르게 쓰고 읽는 방법을 학습합니다. 또한 여러 가지 방법으로 수를 표현해 보고 세어 보면서 수의 순서를 알아보거나 크기를 비교하는 활동을 지도합니다. 이를 통해 수 개념 및 수 감각 형성을 위한 기초적인 지식을 쌓을 수 있습니다.

139쪽	단계 1 교과서 개념
1 10	**2** 10개
3 10	**4** 10
5 5	

1 체리가 9개보다 1개 더 많으면 10개입니다.

2 레몬의 수를 세어 보면 10개입니다.

3 4와 6을 모으면 10이 됩니다.

4 3과 7을 모으면 10이 됩니다.

5 10은 5와 5로 가를 수 있습니다.

141쪽	단계 1 교과서 개념

1 예

; 1, 3, 13

2 예

; 1, 7, 17

3 십이, 열둘에 ◯표

4 열여섯, 십육에 ◯표

1 귤은 10개씩 묶음 1개와 낱개 3개입니다.
➡ 13

2 사과는 10개씩 묶음 1개와 낱개 7개입니다.
➡ 17

3 12는 십이, 열둘이라고 읽습니다.

4 16은 십육, 열여섯이라고 읽습니다.

142~143쪽	단계 2 개념 집중 연습
1 10	**2** (위부터) 3, 10
3 4	**4** (위부터) 10, 2
5 11	**6** 12
7 15	**8** 18
9 14	**10** 11
11 12	**12** 16
13 1, 3	**14** 1, 9
15 14	**16** 13
17 15	**18** 십이, 열둘
19 십칠, 열일곱	**20** 십팔, 열여덟

1 9와 1을 모으면 10이 됩니다.

2 7과 3을 모으면 10이 됩니다.

3 10은 6과 4로 가를 수 있습니다.

4 10은 2와 8로 가를 수 있습니다.

5 10개씩 묶음 1개와 낱개 1개입니다. ➡ 11

6 10개씩 묶음 1개와 낱개 2개입니다. ➡ 12

7 10개씩 묶음 1개와 낱개 5개입니다. ➡ 15

8 10개씩 묶음 1개와 낱개 8개입니다. ➡ 18

9 10개씩 묶음 1개와 낱개 4개입니다. ➡ 14

10 10개씩 묶음 1개: 10 ⎤
　　 낱개 1개: 1 ⎦➡ 11

12 10개씩 묶음 1개: 10 ⎤
　　 낱개 6개: 6 ⎦➡ 16

13 13 ⇨ ⎡ 10개씩 묶음: 1개
　　　　　 ⎣ 낱개: 3개

14 19 ⇨ ⎡ 10개씩 묶음: 1개
　　　　　 ⎣ 낱개: 9개

15 십사를 수로 나타내면 14입니다.

16 열셋을 수로 나타내면 13입니다.

17 열다섯을 수로 나타내면 15입니다.

18 12는 십이 또는 열둘이라고 읽습니다.

19 17은 십칠 또는 열일곱이라고 읽습니다.

20 18은 십팔 또는 열여덟이라고 읽습니다.

145쪽　　　　단계**1** 교과서 개념

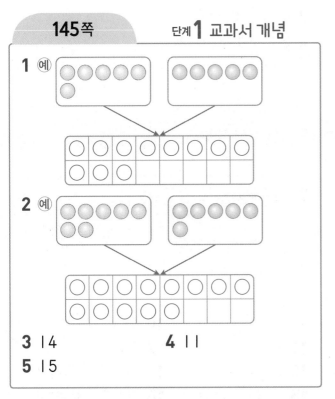

3 14　　　　　　　**4** 11
5 15

1 초록색 구슬: 6개, 주황색 구슬: 5개 ⇨ 11개

2 초록색 구슬: 7개, 주황색 구슬: 6개 ⇨ 13개

3 지우개: 7개, 칼: 7개
　　⇨ 7과 7을 모으면 14가 됩니다.

4 3과 8을 모으면 11이 됩니다.

5 6과 9를 모으면 15가 됩니다.

147쪽　　　　단계**1** 교과서 개념

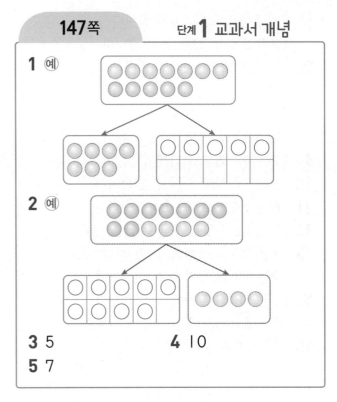

3 5　　　　　　　**4** 10
5 7

1 12는 7과 5로 가를 수 있습니다.

2 13은 9와 4로 가를 수 있습니다.

3 13은 8과 5로 가를 수 있습니다.

4 12는 2와 10으로 가를 수 있습니다.

5 16은 9와 7로 가를 수 있습니다.

148~149쪽　　　단계**2** 개념 **집중 연습**

1 11	**2** 12
3 16	**4** 16
5 12 ; 14	**6** 14 ; 15
7 18 ; 11	**8** 16 ; 19
9 6	**10** 7
11 7	**12** 12
13 4 ; 7	**14** 8 ; 8
15 2 ; 2	**16** 9 ; 15

1 9와 2를 모으면 11이 됩니다.

2 8과 4를 모으면 12가 됩니다.

3 7과 9를 모으면 16이 됩니다.

4 12와 4를 모으면 16이 됩니다.

5 5와 7을 모으면 12가 됩니다.
　　7과 7을 모으면 14가 됩니다.

정답 및 풀이

6 9와 5를 모으면 14가 됩니다.
12와 3을 모으면 15가 됩니다.

7 9와 9를 모으면 18이 됩니다.
3과 8을 모으면 11이 됩니다.

8 5와 11을 모으면 16이 됩니다.
6과 13을 모으면 19가 됩니다.

9 12는 6과 6으로 가를 수 있습니다.

10 15는 8과 7로 가를 수 있습니다.

11 16은 7과 9로 가를 수 있습니다.

12 17은 12와 5로 가를 수 있습니다.

13 11은 7과 4로 가를 수 있습니다.
12는 7과 5로 가를 수 있습니다.

14 13은 5와 8로 가를 수 있습니다.
14는 8과 6으로 가를 수 있습니다.

15 12는 10과 2로 가를 수 있습니다.
15는 2와 13으로 가를 수 있습니다.

16 17은 8과 9로 가를 수 있습니다.
18은 15와 3으로 가를 수 있습니다.

151쪽 — 단계 1 교과서 개념

1 30 **2** 5개
3 적습니다에 ◯표
; 예 30, 40, 작습니다에 ◯표
4 많습니다에 ◯표
; 예 50, 30, 큽니다에 ◯표

1 10개씩 묶음 ★개는 ★0입니다.
2 ★0 ⇨ 10개씩 묶음 ★개

153쪽 — 단계 1 교과서 개념

1
10개씩 묶음	낱개
3	5

2 2, 2, 22
3 26 ; 이십육, 스물여섯
4 33 ; 삼십삼, 서른셋

1 10개씩 묶음 3개: 30 ⎤
낱개 5개: 5 ⎦ ⇨ 35
2 10개씩 묶음 2개와 낱개 2개는 22입니다.
3 10개씩 묶음 2개와 낱개 6개이므로 사탕은 26개입니다. 26은 이십육 또는 스물여섯이라고 읽습니다.
4 10개씩 묶음 3개와 낱개 3개이므로 엽전은 33개입니다. 33은 삼십삼 또는 서른셋이라고 읽습니다.

154~155쪽 — 단계 2 개념 집중 연습

1 20 ; 이십, 스물
2 30 ; 삼십, 서른
3 40 ; 사십, 마흔
4 20 ; 20, 큽니다에 ◯표
5
10개씩 묶음	낱개
3	2
; 32

6
10개씩 묶음	낱개
2	7
; 27

7
10개씩 묶음	낱개
3	8
; 38

8
10개씩 묶음	낱개
4	5
; 45

9 22 **10** 46
11 22 **12** 34
13 42 **14** 이십일, 스물하나
15 이십구, 스물아홉 **16** 삼십오, 서른다섯

1 10개씩 묶음 2개: 20
⇨ 20은 이십 또는 스물이라고 읽습니다.
2 10개씩 묶음 3개: 30
⇨ 30은 삼십 또는 서른이라고 읽습니다.
3 10개씩 묶음 4개: 40
⇨ 40은 사십 또는 마흔이라고 읽습니다.

42 수학 1-1

4 10개씩 묶음 2개: 20
⇨ 40은 20보다 큽니다.

5 10개씩 묶음 3개: 30
낱개 2개: 2 ⇨ 32

6 10개씩 묶음 2개: 20
낱개 7개: 7 ⇨ 27

7 10개씩 묶음 3개: 30
낱개 8개: 8 ⇨ 38

8 10개씩 묶음 4개: 40
낱개 5개: 5 ⇨ 45

9 10개씩 묶음 2개: 20
낱개 2개: 2 ⇨ 22

10 10개씩 묶음 4개: 40
낱개 6개: 6 ⇨ 46

11 이십이를 수로 나타내면 22입니다.

12 서른넷을 수로 나타내면 34입니다.

13 마흔둘을 수로 나타내면 42입니다.

14 21은 이십일 또는 스물하나라고 읽습니다.

15 29는 이십구 또는 스물아홉이라고 읽습니다.

16 35는 삼십오 또는 서른다섯이라고 읽습니다.

<table>
<tr><td colspan="10">157쪽   단계1 교과서 개념</td></tr>
</table>

1

1	2	3	4	5	6	7	8	9	10
11	12	13	14	15	16	17	18	19	20
21	22	23	24	25	26	27	28	29	30
31	32	33	34	35	36	37	38	39	40
41	42	43	44	45	46	47	48	49	50

2 14   **3** 25, 27

4 31, 32   **5** 48, 50

1 수의 순서대로 앞에서부터 빈칸을 채워 나갑니다.

2 수의 순서대로 쓰면 12, 13, 14, 15, 16입니다.

3 24와 26 사이에 있는 수는 25이고,
26과 28 사이에 있는 수는 27입니다.

4 수의 순서대로 쓰면 30, 31, 32, 33, 34입니다.

5 47과 49 사이에 있는 수는 48이고,
49보다 1만큼 더 큰 수는 50입니다.

<table>
<tr><td colspan="2">159쪽   단계1 교과서 개념</td></tr>
</table>

1 작습니다에 ◯표
2 큽니다에 ◯표
3 작습니다에 ◯표

4 | 21 | ㉛ | **5** | ㊼ | 45 |

6 | △17 | 22 | **7** | △30 | 36 |

1 10개씩 묶음이 38은 3개이고, 45는 4개이므로 38은 45보다 작습니다.

2 10개씩 묶음이 21은 2개이고, 15는 1개이므로 21은 15보다 큽니다.

3 10개씩 묶음의 수가 같으므로 낱개의 수를 비교해 보면 43은 45보다 작습니다.

4 10개씩 묶음의 수가 클수록 큰 수입니다.

5 10개씩 묶음의 수가 같으므로 낱개의 수가 클수록 큰 수입니다.

6 10개씩 묶음의 수가 작을수록 작은 수입니다.

7 10개씩 묶음의 수가 같으므로 낱개의 수가 작을수록 작은 수입니다.

160~161쪽　단계 2 개념 집중 연습

1 23　　　　　2 49
3 35　　　　　4 19
5 31　　　　　6 45

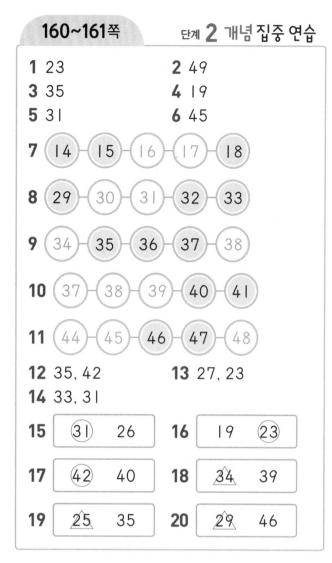

7 ⑭-⑮-(16)-(17)-⑱
8 ㉙-(30)-(31)-㉜-㉝
9 (34)-㉟-㊱-㊲-(38)
10 (37)-(38)-(39)-㊵-㊶
11 (44)-(45)-㊻-㊼-(48)

12 35, 42　　　13 27, 23
14 33, 31

15 ㉛ 26　　16 19 ㉓
17 ㊷ 40　　18 △34 39
19 △25 35　　20 △29 46

1 22보다 1만큼 더 큰 수는 22 바로 뒤의 수인 23입니다.

2 48보다 1만큼 더 큰 수는 48 바로 뒤의 수인 49입니다.

3 34보다 1만큼 더 큰 수는 34 바로 뒤의 수인 35입니다.

4 20보다 1만큼 더 작은 수는 20 바로 앞의 수인 19입니다.

5 32보다 1만큼 더 작은 수는 32 바로 앞의 수인 31입니다.

6 46보다 1만큼 더 작은 수는 46 바로 앞의 수인 45입니다.

12 35는 10개씩 묶음 3개와 낱개 5개이고, 42는 10개씩 묶음 4개와 낱개 2개이므로 10개씩 묶음의 수가 작은 35가 42보다 작습니다.

13 10개씩 묶음의 수가 2로 같고 낱개의 수는 7이 3보다 크므로 27이 23보다 큽니다.

14 10개씩 묶음의 수가 3으로 같고 낱개의 수는 3이 1보다 크므로 33이 31보다 큽니다.

15 10개씩 묶음의 수를 비교합니다.
　⇨ 31은 26보다 큽니다.

18 10개씩 묶음의 수가 같으므로 낱개의 수를 비교합니다.
　⇨ 34는 39보다 작습니다.

19 25는 35보다 작습니다.

20 29는 46보다 작습니다.

162~165쪽　단계 3 익힘 문제 연습

1 (　　) (○) (○)
2 7
3 예

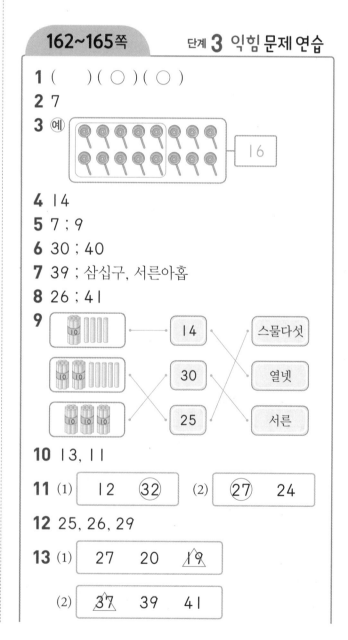

16

4 14
5 7 ; 9
6 30 ; 40
7 39 ; 삼십구, 서른아홉
8 26 ; 41
9

14	스물다섯
30	열넷
25	서른

10 13, 11
11 (1) 12 ㉜　　(2) ㉗ 24
12 25, 26, 29
13 (1) 27 20 △19
　　(2) △37 39 41

14

1	6	11	16	21	26	31	36	41
2	7	12	17	22	27	32	37	42
3	8	13	18	23	28	33	38	43
4	9	14	19	24	29	34	39	44
5	10	15	20	25	30	35	40	45

15 ⑰—⑱—⑲—⑳—㉑

16 ⑦ ⑤ ⑧ ⑨ ② ⑩

3 10개씩 묶음: 1개, 낱개: 6개 ⇨ 16

5 14는 7과 7, 5와 9로 가를 수 있습니다.

6 10개씩 묶음 ★개 ⇨ ★0

7 10개씩 묶음 3개와 낱개 9개는 39입니다.
39는 삼십구 또는 서른아홉이라고 읽습니다.

8 10개씩 묶음 2개와 낱개 6개는 26입니다.
10개씩 묶음 4개와 낱개 1개는 41입니다.
참고 10개씩 묶음 ▲개와 낱개 ■개는 ▲■입니다.

9 14(십사, 열넷), 30(삼십, 서른), 25(이십오, 스물다섯)

10 13 ⇨ ⌈ 10개씩 묶음: 1개
             ⌊ 낱개: 3개
    11 ⇨ ⌈ 10개씩 묶음: 1개
             ⌊ 낱개: 1개
    ⇨ 13이 11보다 큽니다.
    참고 두 수의 크기를 비교할 때에는 10개씩 묶음의 수를 먼저 비교하고 10개씩 묶음의 수가 같으면 낱개의 수를 비교합니다.

11 (1) 10개씩 묶음의 수가 클수록 큰 수입니다.
(2) 10개씩 묶음의 수가 같을 때에는 낱개의 수를 비교합니다.

13 (1) 10개씩 묶음의 수가 작을수록 작은 수입니다.
(2) 10개씩 묶음의 수가 같을 때에는 낱개의 수를 비교합니다.

14 4보다 1만큼 더 큰 수: 5
6보다 1만큼 더 큰 수: 7
22보다 1만큼 더 큰 수: 23
41보다 1만큼 더 큰 수: 42

15 작은 수부터 순서대로 쓰면 17, 18, 19, 20, 21입니다.

16 7과 8, 5와 10을 모으면 15가 됩니다.

166~168쪽   단계 **4** 단원 **평가**

1 1   **2** 8
3 41   **4** 48
5

35 — 서른다섯
42 — 마흔둘
29 — 스물아홉
이십구 — 29
삼십오 — 35
사십이 — 42

6 (위부터) 20 ; 삼십칠 ; 스물

7 27개

8

	10개씩 묶음	낱개
17	1	7
30	3	0
25	2	5

9 19, 20

10 ㊲ 29

11 16에 △표

12 18

13 15

14 큽니다에 ○표

15 열넷, 열셋, 열하나

16 47 ; 사십칠, 마흔일곱

17

29	30	31	32	33
34	35	36	37	38
39	40	41	42	43
44	45	46	47	48

18 열에 ◯표 ; 십에 ◯표 ; 열에 ◯표

19

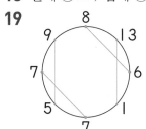

20

3 10개씩 묶음 4개와 낱개 1개는 41입니다.

참고 10개씩 묶음 ▲개와 낱개 ■개는 ▲■입니다.

4 마흔여덟을 수로 나타내면 48입니다.

5 35(삼십오, 서른다섯), 42(사십이, 마흔둘), 29(이십구, 스물아홉)

6 10개씩 묶음 2개
  ⇨ 20(이십, 스물)
  10개씩 묶음 3개, 낱개 7개
  ⇨ 37(삼십칠, 서른일곱)

7 10개씩 묶으면 2묶음이 되고, 남는 것은 7개이므로 과자는 27개입니다.

9 수의 순서대로 쓰면 18, 19, 20, 21입니다.

10 10개씩 묶음의 수를 먼저 비교합니다.
  37은 10개씩 묶음이 3개, 29는 10개씩 묶음이 2개이므로 37이 29보다 큽니다.

11 작은 수부터 차례대로 쓰면 16, 21, 38이므로 가장 작은 수는 16입니다.

12 10과 8을 모으면 18이 됩니다.

13 19는 15와 4로 가를 수 있습니다.

14 10개씩 묶음의 수가 4로 같고, 낱개의 수를 비교하면 5가 3보다 크므로 45는 43보다 큽니다.

15 열여섯(16)부터 수를 거꾸로 세어 봅니다.
  16 ─ 15 ─ 14 ─ 13 ─ 12 ─ 11 ─ 10
  열여섯 ─ 열다섯 ─ 열넷 ─ 열셋 ─ 열둘 ─ 열하나 ─ 열

16 46과 48 사이에 있는 수는 47이고, 47은 사십칠 또는 마흔일곱이라고 읽습니다.

17 29부터 수를 순서대로 써넣습니다.

18 10개는 '열 개', 10일은 '십 일', 10살은 '열 살'이라고 읽습니다.

19 13과 1, 8과 6, 9와 5, 7과 7을 모으면 14가 됩니다.

20 1부터 18까지의 수를 순서대로 써넣으면 시후가 가진 열쇠 번호에 맞는 신발장을 찾을 수 있습니다.

169쪽　　　스스로학습장

1 10　　　　　　**2** 십, 열
3 27
4 이십칠, 스물일곱에 ◯표
5 28
6 ③ ⑤ ⑦ ④ ⑨

---

2 10은 십 또는 열이라고 읽습니다.

3 구슬은 10개씩 묶음 2개, 낱개 7개이므로 27개입니다.

4 27은 이십칠 또는 스물일곱이라고 읽습니다.

5 27보다 1만큼 더 큰 수는 27 바로 뒤의 수인 28입니다.

6 7과 4를 모으면 11이 됩니다.